JN079527

メカ機構の課題って、どない解決すんねん！

〈締結・回転・リンク機構設計〉

上司と部下の
FAQ 設計実務編

わかりやすく
やさしく
やくにたつ

山田 学 監修
Yamada Manabu

春山 周夏 著
Haruyama Shuka

日刊工業新聞社

はじめに

設計の仕事
先輩「この設計はあかんなぁ。M3で長さ7mmのボルトなんかあらへんで！」
新人「え？そうなんですか。」（学校ではそんなん習わへんかったなぁ。）
先輩「それにボルトサイズも長さもバラバラやん！組立効率考えたらボルトのサイズや長さは統一せなあかん。全部見直しや！」
新人「わかりました。」（え？100本以上あるのに全部見直しするの？！いややなぁ）

　働き出して2年目くらいの私です。「学校では習わへんかった」とか「全部見直しするのいややなぁ」とぼやいたところで始まりません。
　機械設計で使用される要素には多くの場合で規格があり、材質や寸法、能力などの仕様が決まっています。
　私の経験の中では、全くゼロの状態から新しいものを設計したことはありません。決められた仕様の中でさまざまな要素を組合わせて、新しいものを設計してきました。また、これからもそのように設計していくと思います。
　機械設計を担うために、まずは世の中にある機械要素を知ることから始めることも大切です。

この本の内容
「ボルトのサイズを統一しろ！」
　おそらく多くの機械設計者が若手の頃、先輩や上司からこのセリフを言われた経験があるのではないでしょうか。あるいは若手の指導や検図をする立場の方はこのセリフを言ったことがあるという方も多いかと思います。
　しかし、いざ実践しようと図面に向かっても、スペースの問題などからなかなかに難しい。

　この本には私が実践した、狭いスペースでもボルトサイズを他の部分と変えることなくM6で統一した方法などを記載しています。
　すべてのシチュエーションで使えるとは限りませんが、より良い設計の足掛かりにしていただければ幸いです。

この本を読んでいただきたい方

1. 将来は設計者として仕事をやりたい学生の皆さま

私は皆さまよりも少し早く設計者の仕事を経験しました。その内容が書かれています。ぜひ設計者の仕事を今のうちから覗いてみてください。

2. 設計者としてお仕事をされている皆さま

いわゆる「設計業務あるある」と思って手に取っていただけると幸いです。同じようなシチュエーションに出くわしたときにお役に立てるようにまとめました。

3. 設計者の上司の皆さま

皆さまの部下は本書に書いてある内容で四苦八苦されています。ご確認をお願いいたします。

設計の仕事は面白い！

若手の頃、あるサイズのベアリングを腐食雰囲気の環境で使う必要がありました。ステンレス製のものを探したのですが見つからず。結局はベアリングの一部を露出させたカバーを取り付けました。部品点数が増え、狭い場所に無理やり付けたために見た目も美しくない。なによりカバーを付けたとはいえ、ベアリングが劣化するため頻繁に交換が必要になります。

最近、ちょっとした設計でステンレス製のベアリングを探しました。過去の経験から「あまり品揃えないだろうなぁ」と思いこんでいたら、意外とたくさんのステンレスベアリングがあり、驚きました。

機械要素一つとっても日々進化している。おかげで機械設計の幅が広がる。昔できなかったことが今はできる。

だから設計の仕事は面白い！

読者の皆様からのご意見や問題点のフィードバックなど、ホームページを通してご紹介し、情報共有化やサポートをし、少しでも良いものにしていきたいと念じております。

ご意見やご指摘などは下記URLからお願いいたします。

https://www.haruyama-ce.com/

　最後に、本書の執筆にあたりご指導をいただきました株式会社ラブノーツ代表の山田学様、ご助言をいただきました AYTechLab の管理人様 (URL:https://aytechlab.com)、基礎機械設計 .com(URL:http://xn--3jst20b6hbx05a25tlga.com/) 管理人のドラフター様（両名ともご本人の希望によりお名前を伏せさせていただきます）、お世話いただいた日刊工業新聞社出版局の方々にお礼を申し上げます。

目次 CONTENTS

第1章

部品同士の締結を設計するときのコツ！コツ！ポイント！

ステップ1	固定方法について学ぼう！
ステップ2	締付方法について学ぼう！

実務における課題と問題 1-1-1

課題	「フランジと蓋の設計をしてほしいんやけど！圧力かかるし漏れへんように気をつけろよ！」と指示があった。容器密封のためにガスケットを挟んでフランジを固定したい。

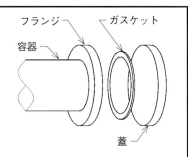

容器　フランジ　ガスケット　蓋

問題　固定方法として適切なものを選べ。

＊運動用のシール要素をパッキン、固定用のシール要素をガスケットと呼び分けることがあります。

....

解答
選択欄
　イ　ピン　　　　ロ　溶接　　　　ハ　リベット
　ニ　ボルト

【解説】パッキンを挟んで密封させるときにはパッキンをつぶすために、部品同士を押し付ける方向の力が必要になります。

イ　ピン

　　ピンは主に位置決めピンのように固定する2つの部品の位置関係を正確に保持するためや、継手ピンのように受ける力があまり大きくないときに使用する機械要素です。2つの部品の相対位置を固定するためのものであり、部品同士を押し付けるような力は発生しません。

ロ　溶接

　　部品同士を溶かして接合する方法です。いったん溶接すると、分解には部品の破壊が必要になります。また溶接も2つの部品の相対位置を固定するためのものであり、基本的には部品同士を押し付けるような力は発生しません。

　　溶接後には熱によるひずみや内部残存応力が発生するため注意が必要です。

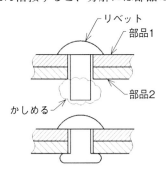

リベット
部品1
部品2
かしめる

ハ　リベット

　　頭と胴体（丸棒状）からなり、固定したい部材に差し込み、胴体の先端をかしめて固定します。種類によっては胴体の軸方向に力が発

図1-1-1　リベット

生するものもありますが、その力は不安定であり、明確に大きさが規定される類のものではありません。

ニ　ボルト

　ボルトはめねじにねじ込む（トルクをかける）ことで固定を行います。ボルトにかけるトルクの大きさに比例して軸方向に力（軸力）が生じます。この軸力がフランジ同士を互いに押し付ける力、すなわちガスケットをつぶす方向の力になります。

よって解答はニになります。

メモメモ　固定と締付について補足します

　いまx軸y軸z軸の3次元空間に3の部品A、B、Cがあります。これらの部品に何の拘束もない場合はx・y・z軸全ての方向への移動およびすべての軸回りの回転が自由です。

　この3つの部品のz方向に同サイズの穴を開けてピンを挿入するとx・y方向の相対位置が拘束されます。一方、めねじを設けてボルトをねじ込めば位置の拘束とともに軸力により部品同士を押し付ける力が発生します。

　本書では、ピンのように互いの相対位置を拘束することを固定と呼び、ボルトのようにねじ込むことで軸力を発生して部品同士を押し付け合うことを締付あるいは締結と呼ぶことにします。

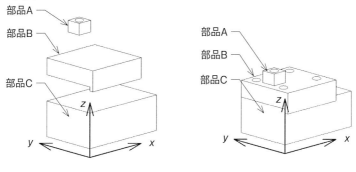

図1-1-2　部品の固定イメージ

実務における課題と問題 **1-1-2**

> | 課題 | 「組立する人の気持ちになって考えなあかん！使用するボルトのサイズは統一するように」と指摘を受けた。 |
> |---|---|
>
> | **問題** | ボルトサイズをM6で統一したいが部品Aの図面に示すように十分なスペースがない。対策として不適切なものを2つ選べ。 |
> |---|---|
>
> ---
>
> **解答選択欄**
>
> イ　M6ボルト1本で固定する　　ロ　位置決めピンを併用する
> ハ　角形インロー構造にする　　ニ　低頭ボルトを使用して2本配置する

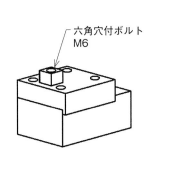
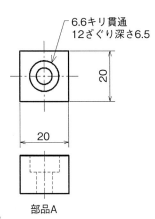

図1-1-3

【解説】 部品に対しx、y、z軸を図1-1-4のように取ります。

イ　ボルト1本で固定する

　　このときx、y、z方向の移動およびx、y軸の回転が拘束されます。一方でz軸の回転方向に対しては、ボルトの軸力と部品同士の摩擦力係数によりある程度の抵抗力が発生するものの、完全ではありません。摩擦力よりも大きな力が加わるとゆるんでしまいます。

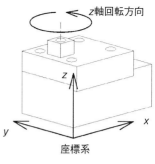

図1-1-4

ロ　位置決めピンを併用する

　　部品Aおよび部品Bにピンを挿入するための穴を設けてピンを併用することで、z軸回転方向の移動を拘束することができます（**図1-1-5**）。

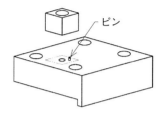

図1-1-5　ピン使用のイメージ

ハ　角形インロー構造にする

　　インロー構造とは入れ子構造のことです。固定したい2つの部品があるときに一方は凸形状、もう一方には凹形状を設けてはめ込む構造になります。

　　問題の場合、例えば部品Aの全長を長くして凸とし、部品Bに四角形状のざぐり穴を設けて互いをはめ込みます。インロー構造にすることで接触面が回転方向の拘束をしてくれます（**図1-1-6**）。

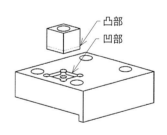

図1-1-6　インローのイメージ

ニ　低頭ボルトを使用する

　　低頭ボルトとはその名の通り、頭部分が低くなっているボルトのことです。問題の場合、頭が低くなっても平面で必要なスペースは変わらないため、2本配置することはできません（**図1-1-7**）。

六角穴付ボルト

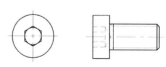

低頭六角穴付ボルト

図1-1-7

よって解答はイとニになります。

メモメモ　角形インローについて補足します（1/2）

（1）拘束面数

四角凸と四角凹の組合せでインローを行う場合、最大で4面拘束することが可能です。しかし4面全てを拘束面にすると、要求する加工精度が高く、コストアップになります。そこで使い方に応じて必要な面のみを拘束するように設計します。せん断力を受けるパターンとトルクを受けるパターンの2つを例示します。

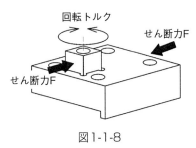

図1-1-8

①せん断力を受ける場合

ボルトは引張力に比べてせん断力に弱いです。そのためせん断力を受ける面を拘束することで、せん断力をボルトではなく面で受けるようにします。

1方向のせん断力を受ける場合は図のように1面で受けます。2方向の場合は2面、3方向の場合は3面、4方向では4面となります。

＊せん断力：ハサミで切断するようなかかり方をする力のことを言います。

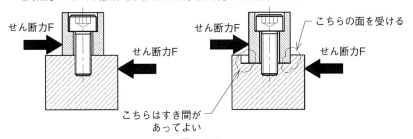

図1-1-9

②回転トルクを受ける場合

常に1方向のトルクを受ける場合は1面で受けます。2方向（正転逆転）のトルクを受ける場合、面と面の間には必ずすき間が生じているためトルクの方向が切り替わったときにガタつきます。そのため直角2面で受ける必要があります。

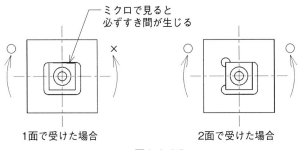

図1-1-10

（2）加工

　四角凸と四角凹（以下、凹をポケットと称します。）の組合せでインローを行う場合、四角ポケットの加工について確認します。今回のように四角のポケットを加工する場合、一般的にはフライス盤を使いエンドミルで加工を行います。このとき、4隅にエンドミルのR形状が残ってしまいます。これではR部分が干渉してしまい凸側と組合わせることができません。

　対策としては次の2つがあります。
①凸側の角を面取りする。
②凹側の隅にニゲを設ける。

　凹側の隅に設けるニゲには**図1-1-11**に示すようなパターンがあります。

　パターン1のニゲはエンドミルでなぞるように加工ができるため刃物交換作業が省けます。
　パターン2のニゲは4隅を先にドリルであけておき、次にエンドミルで加工します。四角穴を貫通する加工であれば問題ないのですが、貫通せずに底のあるポケット加工の場合、四隅の穴底にはドリルの刃先形状が残るため注意が必要です。組立てた際に部品同士の線接触範囲を最も大きくできます。
　よく見かけるのは図中の2-1のような形状ですが、2-2のように穴径を大きくして中心を少し内側にずらすことで、ニゲの出っ張り寸法を小さくすることもできます。
　なおNC加工機を使用する加工の場合、パターン1の形状をプログラミングするよりも、四隅の穴あけを先にドリルで行ってから四角く削り出す作業をプログラミングする方が楽ということもあります。状況が許せば、加工屋さんに事前に相談することも大切なことだと思います。

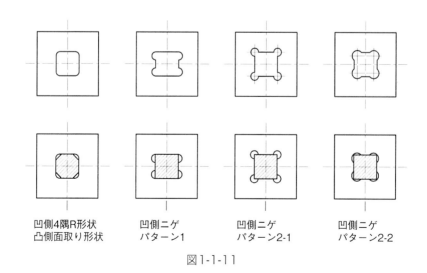

| 凹側4隅R形状
凸側面取り形状 | 凹側ニゲ
パターン1 | 凹側ニゲ
パターン2-1 | 凹側ニゲ
パターン2-2 |

図1-1-11

[参考] 六角穴付ボルト頭サイズ表（JIS B 1176 より一部抜粋）

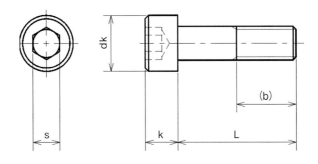

ねじの呼び M		M1.6	M2	M2.5	M3	M4	M5	M6	M8	M10	M12	(M14)	M16	M20
最大	dk	3.14	3.89	4.68	5.68	7.22	8.72	10.22	13.27	16.27	18.27	21.33	24.33	30.33
最大	k	1.6	2	2.5	3	4	5	6	8	10	12	14	16	20
呼び	s	1.5	1.5	2	2.5	3	4	5	6	8	10	12	14	17
参考	b	15	16	17	18	20	22	24	28	32	36	40	44	52
呼び長さ L	2.5	*												
	3	*	*											
	4	*	*	*										
	5	*	*	*	*									
	6	*	*	*	*	*								
	8	*	*	*	*	*	*							
	10	*	*	*	*	*	*	*						
	12	*	*	*	*	*	*	*	*					
	16	*	*	*	*	*	*	*	*	*				
	20		4	*	*	*	*	*	*	*	*			
	25			8	7	*	*	*	*	*	*	*		
	30				12	10	8	*	*	*	*	*	*	
	35					15	13	11	*	*	*	*	*	*
	40					20	18	16	12	*	*	*	*	*
	45						23	21	17	13	*	*	*	*
	50						28	26	22	18	*	*	*	*
	55							31	27	23	19	*	*	*
	60							36	32	28	24	20	*	*
	65								37	33	29	25	21	*
	70								42	38	34	30	26	28
	80								52	48	44	40	36	38
	90									58	54	50	46	48

網掛け部分が一般に流通しているサイズであり、表中の数字はLg寸法を表す。一方＊マークは全ねじになる。

実務における課題と問題 **1-1-3**

| 課題 | 製造現場で使用するワークの搬送パレットを設計することになった。「搬送だけやし、がっちり固定せずにピンを使えばええで！」とボルトなどの締付ではなく、位置決めピンを使うようにアドバイスをもらった。 |

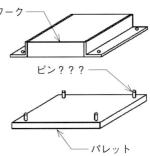

| 問題 | 位置決めピンの使い方がよくわからない。解答選択欄の4つの中から正しい使い方を選べ。 |

解答選択欄

イ　ワークの丸穴 4点を丸頭ピンでとめる。

ロ　2点を丸頭ピンでとめる。

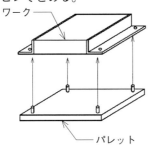

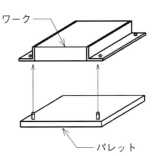

ハ　ワークの丸穴を1か所、図の方向に長穴に変更してもらい 2点をとめる。

ニ　ワークの丸穴を1か所、図の方向に長穴に変更してもらい 2点をとめる。

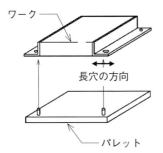

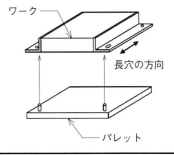

＊ワークとは製造現場において加工や組立を行う対象のことを言います。例えばねじ締めを行う場合のねじは部品であり、締め付け対象をワークと呼びます。

【解説】 位置決めピンの考え方は次のようになります。

(1) 2本のピンを使って位置決めを行います。

(2) 1本は x-y 方向平面の位置決め、もう1本は回転方向の位置決めになります。

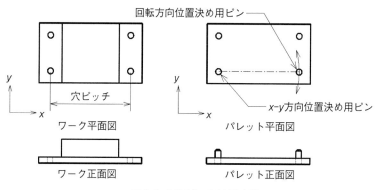

図1-1-12 ピンの使用方法

(3) 丸穴のピッチは必ずバラつきが生じます。このためピッチがずれたときの逃げが必要になります。ワーク側の丸穴をピッチ方向に長手を取る長穴にすることで対応できます。

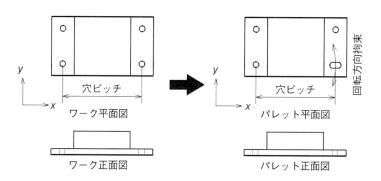

図1-1-13 穴ピッチのずれと回転

　長穴の方向を間違うとピッチずれが許容されず、回転方向の位置決めができなくなってしまい、全く位置決めの機能を果たさなくなるどころか、ワークが回転方向にずれてしまうので、悪い作用が働いてしまいます。

よって解答はハになります。

メモメモ　ワークに長穴があけられないときの方法

　多くの場合で［ワーク＝製品］になると思います。よって問題で見たように、丸穴から長穴への変更が難しいことがよくあります。
　このような場合にはダイヤピンを使用します。ダイヤピンを使用するときの考え方は、先に見た長穴を使用する場合と全く同じです。

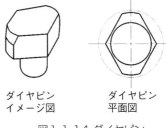

ダイヤピン
イメージ図

ダイヤピン
平面図

図1-1-14 ダイヤピン

　ダイヤピンには長手方向と短手方向があります。x-y平面の位置決めピンに対し、長手方向が直交するようにダイヤピンを配置します。これにより、穴ピッチのずれを許容しかつ回転方向のずれを拘束、位置決めします。
　これを短手方向が直交するように配置してしまうと、x方向のずれが許容できず回転方向にずれてしまいます。これでは位置決めの機能を果たせません。

図1-1-15 ダイヤピンの向き

　ダイヤピンを使用する際には、このように向きに注意する必要があります。つまり向きをそろえて固定できるように設計します。例えばベースプレートに設けたタップに加えて、裏面からナット掛けで固定するように設計する必要があります。

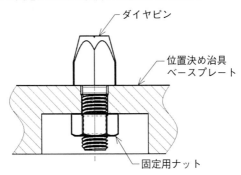

＊深ざぐりでナットをかける場合は工具が入るかという点に注意する

図1-1-16 ダイヤピンの固定

Column 位置決めピンの場所はどこがよいか?

図1-1-17に示すようにワークに丸穴が4カ所あいています。丸ピンとダイヤピンを使って位置決めを行います。x-y方向の位置決め用に左下を使うとして、残り3カ所のうちどこにダイヤピンを使えばよいでしょうか?

よく言われるのは「対角で位置決めする」ということですが本当にそうでしょうか。位置決めピンの機能から確認していきます。

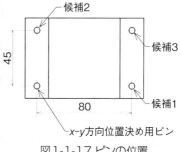

図1-1-17 ピンの位置

(1)まず、ダイヤピンとワークの穴には必ずすき間を設けます。このすき間分のガタでワークには微小な傾きが生じます。仮にこの傾きのみを位置決めピンにおける位置のずれ量として考慮すればよいとする、つまり穴位置の誤差によるずれはないとすると、対角に配置したときが最もずれが少なくなります。

(2)ここで穴のピッチがx方向に80、y方向に45とします。切削加工を前提として普通公差中級とすると、いずれも公差は±0.3になります。このとき、

①候補1の穴位置はx方向に±0.3mmずれる可能性があります。
②候補2の穴位置はy方向に±0.3mmずれる可能性があります。
③候補3の穴位置はx方向、y方向ともに±0.3mmずれる可能性があります。

上記①、②の場合は「穴ピッチのずれ」ですが、上記③の場合は、最悪の場合を考えるとx方向に+0.3mm／y方向に-0.3mmずれる可能性があります。

穴ピッチ方向以外にずれてしまうと、その分だけワークが回転してしまいます。

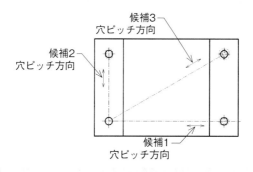

図1-1-18 穴ピッチのずれ

(1)のような理想の状態での位置決め効果よりも、(2)のような誤差による悪さが上回るようなときは、対角ではなく他の候補を使用した方がよい、ということになります。

実務における課題と問題 **1-1-4**

| 課題 | 「一定の力でワークを押し付ける治具を設計して！」と指示があった。 |

問題　図のようにばねで段付き棒を押し付ける治具を設計したが、このままでは段付き棒が抜けてしまう。段付き棒が抜けないようにするには何を使えばよいか。

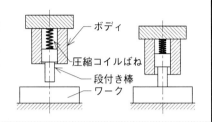

ボディ
圧縮コイルばね
段付き棒
ワーク

解答 選択欄	イ　軸用Ｃ形止め輪	ロ　穴用Ｃ形止め輪
	ハ　Ｅ形止め輪	ニ　コッタ

【解説】

イ　軸用Ｃ形止め輪

軸に設けた溝に差し込んで使います。主に部品をピン結合する際にピンの両側に取り付けて、抜け止めとして使用されます。問題の場合、軸に止め輪を付けても抜け止めにはなりません。

ロ　穴用Ｃ形止め輪

穴に設けた溝に差し込んで使います。穴に差し込んだ部品の抜け止めに使用されます。問題の場合、穴用Ｃ形止め輪を取り付けることでピンの段部が引っかかり、抜け止めになります。

ハ　Ｅ形止め輪

軸に設けた溝に差し込んで使います。Ｃ形止め輪との違いは、Ｃ形止め輪の着脱には専用工具が必要ですが、Ｅ形止め輪はその着脱が容易で特に専用工具は必要ありません。

ニ　コッタ

軸方向の引張や圧縮力（スラスト荷重と呼ぶ）を受ける軸を結合するときに使用されます。問題の場合、コッタを使うと段付き棒は抜けなくなりますが、同時に軸方向に動かせなくなります。

よって解答はロになります。

メモメモ　各止め輪について補足します

図1-1-19 軸用止め輪の取り付けイメージ

　軸用C形止め輪およびE形止め輪は**図1-1-19**に示すように、丸穴に通したピンの両側に取り付ける抜け止めとして主に使用されます。
　　E形は1方向から軸へ押し込むことで取り付け可能ですが、C形は軸の溝に対してほぼ1周を巻き付ける形になるため、着脱時には専用工具のスナップリングプライヤーを使用して広げる必要があります。（＊スナップリング：止め輪のこと）
　なお、軸用C形止め輪によく似たものにグリップリングがありますが、グリップリングは軸に溝加工をせずに使用します。そのため取扱いがとても簡単ですが、軸方向の荷重に弱いため注意が必要です。

　穴用C形止め輪は**図1-1-21**に示すように穴に溝を設けてそこに取り付けることで穴の中に組込んだものを抜け落ちないようにするために主に使用されます。軸用と同様に着脱にはスナップリングプライヤーが必要になります。

図1-1-20 穴用止め輪の取り付けイメージ

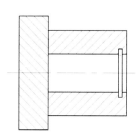

図1-1-21 溝加工の断面図

実務における課題と問題 1-1-5

課題	配管設計を担当する際に「ここは溶接で繋ぐようにしといてな！」と配管の継手を溶接継手で指示するように指摘があった。
問題	部材を追加することなく同径の配管を溶接でつなぐ指示として不適切なものはどれか。

解答
選択欄

　イ　すみ肉溶接　　　　　　　　ロ　Ｖ形開先溶接
　ハ　レ形開先溶接　　　　　　　ニ　突き合わせ溶接

【解説】

イ　すみ肉溶接：重ね合わせた材料にできる隅部に溶接を行う方法です。差込ソケットを使う場合はすみ肉溶接を行いますが、基本的に同径の配管をつなぐ場合、すみ肉溶接はできません。

差込ソケット使用

　開先溶接とは溶接する2つの材料（母材と呼ぶ）の接合部をあらかじめ鋭角に切削しておき、その部分を溶接金属で埋めていく溶接方法のことです。

ロ　Ｖ形開先溶接：Ｖ形開先は母材両方ともに開先を取り、突き合せて溶接を行います。突き合せたときの断面形状がＶ形になることからＶ形開先と呼ばれます。同径配管、特に高圧配管をつなぐときに利用されます。

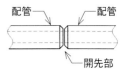

Ｖ形開先溶接

ハ　レ形開先：レ形開先は片側の母材に開先を取り突き合せて溶接を行います。突き合せたときの断面形状がレ形になることからレ形開先と呼ばれます。同径配管、特に高圧配管をつなぐときに利用されます。

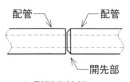

レ形開先溶接

ニ　突き合わせ溶接：特に開先加工を施さずに母材を突き合せた状態で溶接を行います。しっかりと裏側（配管内側）まで溶け込んだ状態を裏波溶接と言います。

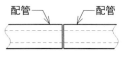

突き合わせ溶接

　イのすみ肉溶接を行うためには、ロ・ハ・ニと異なり部材を追加する必要があります。

よって解答はイになります。

Column　裏波溶接（うらなみようせつ）について

　配管の溶接などで裏波溶接という言葉を聞いたことがありませんか？裏波溶接とは突き合わせ溶接において反対側（配管の場合、内側）まで完全に溶け込んだ状態、完全溶け込み突き合わせ溶接のことを言います。

　ここで、完全溶け込みとはどういうことかを確認します。

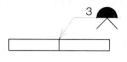

裏波溶接指示

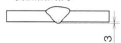

図1-1-22 裏波溶接

・完全溶け込み溶接と部分溶け込み溶接

　母材を溶接したときに、反対側まで溶接金属が回り込むように溶接されることを完全溶け込み溶接（フルペネ溶接）と言います。一方で反対側まで溶け込まない溶接のことを部分溶接と言います。フルペネとはフルペネトレーション溶接（Full Penetration）の略称です。

　板厚9mmの鉄板をT形に溶接することを**図1-1-23**を例に見ていきます。

(1) レ形開先指示、開先寸法を45°で4mmとします。このときは図に示すように反対側まで溶け込みません。この状態を部分溶け込み溶接と言います。部分溶接指示の場合、開先指示を( )寸法で指示します。

(2) K形開先指示、母材の両側から開先をとり、その寸法を45°で4mmとします。さらにルート間隔（母材同士のすき間）を2mm取るように指示します。このとき溶接指示のある側から反対側まで完全に溶け込みます。この状態を完全溶け込み溶接と言います。フルペネ溶接とも言います。

(3) レ形開先指示でも開先の取り方やルート間隔の取り方によっては、反対側まで完全に溶け込ませることができます。

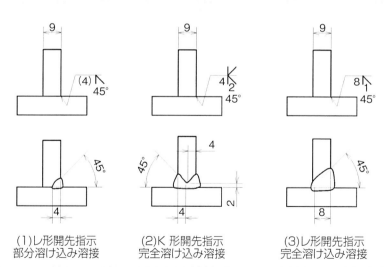

(1)レ形開先指示
部分溶け込み溶接

(2)K形開先指示
完全溶け込み溶接

(3)レ形開先指示
完全溶け込み溶接

図1-1-23 部分溶け込み溶接と完全溶け込み溶接

　私が指示したことのある溶接記号とその用途例です。

すみ肉溶接	溶接の姿	覚書
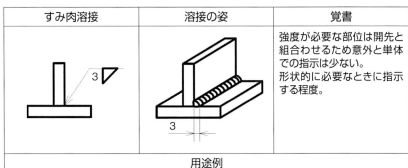		強度が必要な部位は開先と組合わせるため意外と単体での指示は少ない。 形状的に必要なときに指示する程度。

用途例

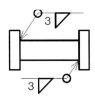

用途例1
真空チャンバーのフランジ溶接

　強度よりも密封性が重要。矢と基線の交点に記した○印は全周溶接を表す。
　矢の向きが変わっても溶接記号そのものの向きは変えない。
（上図における下側の指示記号）

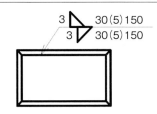

用途例2
架台のカバー溶接

　密封性は不要。ある程度の強度でついていればよい。基線の上側に配置した場合、反対側も溶接するようにという意味。
　また、上図の場合は溶接記号が少しずれているが、これは千鳥溶接を意味する。

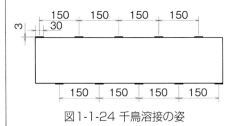

図1-1-24　千鳥溶接の姿

＊用途例2で指示している千鳥溶接を図で表現すると左図のようになります。千鳥溶接は反対側を半ピッチずらして溶接する指示になります。
　用途例2の指示の場合は脚長3、ビード30溶接をピッチ150で5カ所、反対側は千鳥配置になります。

私が指示したことのある溶接記号とその用途例です。

突き合わせ溶接	溶接の姿	覚書
![溶接記号]	![溶接の姿]	板厚の薄いものは基本この溶接指示。5~6mmm程度までなら開先取らずに裏波を出せることも。裏波が出せる場合は完全溶け込みとなり、のど厚を算出して強度検討が可能となる。 　板厚が厚く、裏波が出せない場合、密封用途ならよいが、強度が必要なら開先をとりフルペネ指示をする。

用途例	
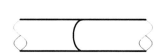	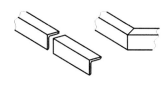
用途例1 配管の接続溶接 　密封性を重視する。裏波を出さない突き合わせ溶接の場合、強度検討できないため、強度が必要な場合は開先をとる、差込ソケットを使ってすみ肉溶接をする、あるいは溶接以外の方法(管用ねじやフランジ)など、別の方法を採用する。	用途例2 架台などに使用する形鋼の溶接 　アングルやチャンネル、H形鋼などいわゆる形鋼の接続。形鋼は板厚が薄く基本的に突き合わせ溶接でつなぐ。 　ただし大型の構造物など強度が問題になる場合は別の方法を採用する。例えば、形鋼の端面に丸穴を開けた板をすみ肉溶接して板同士をボルト止めする、いわゆるフランジ構造など。

　私が指示したことのある溶接記号とその用途例です。

レ形開先溶接	レ形溶接の姿	覚書
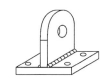 (4)＼ノ0 45°		レ形なら片側から溶接が可能。K形は両側から溶接を行う必要がある。 　完全溶け込み（フルペネ）溶接あるいは部分溶け込み溶接ののど厚が一定という前提で、レ形よりもK形の方が溶着量は少なくてすむ。[*1]
K形溶接	K形溶接の姿	
45° 1 2 K		

用途例
吊りピースの溶接
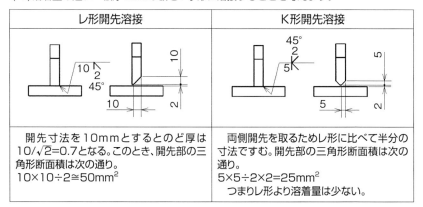 　設備据付や撤去のために専用の吊りピースを設計することがある。この場合、対象の重量から溶接部の強度を検討する必要があり、必要に応じてレ形やK形、あるいはそれにすみ肉を組合わせる。

（*1）溶着量の違い　板厚12㎜の板をT字形に溶接することを考えます。

レ形開先溶接	K形開先溶接
10＼ノ2 45° 10 10 2	45° 2 5 K 5 5 5 2
開先寸法を10mmとするとのど厚は10/√2＝0.7となる。このとき、開先部の三角形断面積は次の通り。 10×10÷2≒50mm²	両側開先を取るためレ形に比べて半分の寸法ですむ。開先部の三角形断面積は次の通り。 5×5÷2×2＝25mm² 　つまりレ形より溶着量は少ない。

私が指示したことのある溶接記号とその用途例です。

レ形開先溶接	レ形溶接の姿	覚書
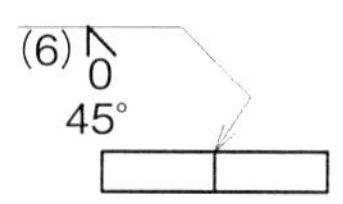 (6) 〈図〉 0 45°	〈図〉45° 6 0	突き合わせ構造ではレ形V形どちらも片側から溶接できる。強度が必要なときには突合せ溶接指示ではなくこちらを採用する。　配管溶接の場合は溶接後、裏波の状態が目視確認できない。　突合せ構造のように片側からの溶接でフルペネを行う場合、裏当て金*¹を用いることもある。
V形溶接	V形溶接の姿	
〈図〉9 2 60°	〈図〉60° 9 2	

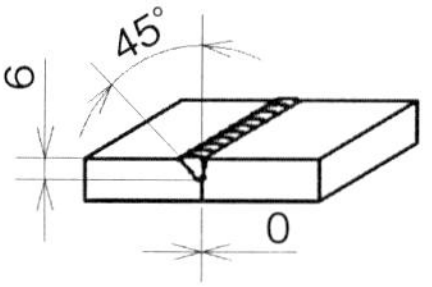

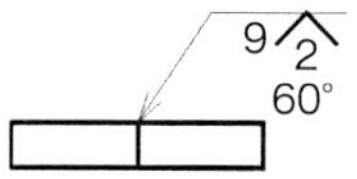

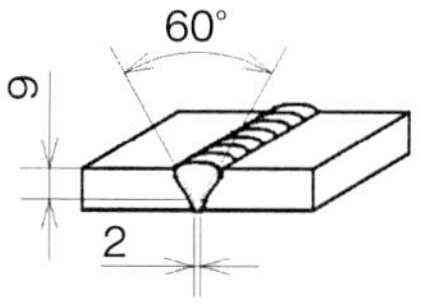

用途例
配管の接続溶接

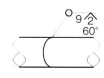 〈記号〉O 9 2 60°

特に高圧配管や直径3mを超えるような大口径管の接続。高圧のかかる配管や大きな負荷のかかる大口径管は強度検討が必要になる。レ形やV形（K形）、完全溶け込みの場合はのど厚を算出できるため強度検討が可能となる。

(*1) 裏当て金

　レ形やV形開先の突き合わせ溶接のように片側からフルペネを行う場合、図のように溶接面とは反対面に板材を仮付で当てることです。裏当て金があると溶けた金属が流れ落ちないため、ルート間隔を広くとっての溶接ができます。

　裏当て金は溶接によって接合されてしまうため、そのまま残すのか、残さないのかは図面注記によって指示する必要があります。

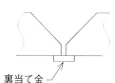

裏当て金

図1-1-25　裏当て金

その他の溶接指示例の紹介です。

X形開先溶接	溶接の姿	覚書
60° 9 3 6 ✕ 90°	90° 60° 9 3 6	両側からの溶接が必要。片側を溶接後、反対側を溶接するときには裏はつり*¹が必要。

J形開先溶接	溶接の姿	覚書
		開先加工が難しい（コストアップ要因）。 　完全溶け込み溶接あるいは部分溶け込み溶接ののど厚が一定という前提で、溶着量を少なくできる。

両J形開先溶接	溶接の姿	覚書
		開先加工が難しい（コストアップ要因）。 　完全溶け込み溶接あるいは部分溶け込み溶接ののど厚が一定という前提で、溶着量を少なくできる。

(*1) 裏はつり

　通常、開先溶接では多層多パスの溶接になります。片側の溶接完了後、そのまま反対側を溶接すると溶接不良が起きやすいため、1層目をガウジングなどによって除去します。これが裏はつりです。

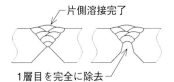

片側溶接完了

1層目を完全に除去

図1-1-26 溶接断面とはつり

その他の溶接指示例の紹介です。

U形開先溶接	溶接の姿	覚書
		開先加工が難しい（コストアップ要因）。 　完全溶け込み溶接あるいは部分溶け込み溶接ののど厚が一定という前提で、溶着量を少なくできる。

H形開先溶接	溶接の姿	覚書
		開先加工が難しい（コストアップ要因）。 　完全溶け込み溶接あるいは部分溶け込み溶接ののど厚が一定という前提で、溶着量を少なくできる。

Column　J形溶接の溶着量について（1/2）

完全溶け込み溶接指示におけるレ形開先溶接とJ形開先溶接の溶着量を見ていきます。
板厚をS、開先部の断面積をA、溶接長さをLとすると溶着量Vの理論値は
［断面積］×［溶接長さ］となります。

図1-1-27に示すように45°レ形開先の場合、溶着量$V=[S^2/2] \times L$　となります。（45度の場合、$S'=S \times \tan45°=S$となります。）

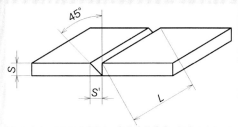

図1-1-27　45°レ形開先

溶着量を少なくしたい場合、単純には**図1-1-28**に示すように、開先角度を小さくすることで可能です（図では30°）。この場合、溶着量$V=[S^2/2 \times \tan30°] \times L$となります。（$\tan30° \fallingdotseq 0.58$）

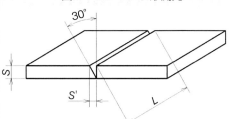

図1-1-28　30°レ形開先

ただし特に板厚が厚い場合は、開先角度を小さくすると第一層の溶接がやり難くなってしまいます。その場合には**図1-1-29**に示すように先端にRをとってJ形とすることで、溶接の作業性を確保しつつ開先角度を小さくし、溶着量を少なくすることができます。
J形の場合の溶着量を次ページで確認します。

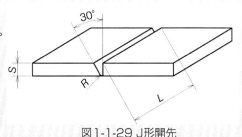

図1-1-29　J形開先

Column　J形溶接の溶着量について（2/2）

　図1-1-30に示すように、先端のR部が45°ありその端点から30°の加工がされていると
します。（計算を簡単にするためのモデル化です。厳密にはRと30°の接線が実際の形状
に近いと思います。）

　このとき、台形部分の面積A_1と45°の扇形部分の面積A_2を合わせたものが開先部の断
面積Aとなります。ここで、$S'=(S-R)\tan\theta$（$\theta=30°$）です。

A_1　　　$= [(S'+R)+R] \times (S-R) \times 1/2$
A_2　　　$= \pi R^2/4$
$\therefore A$　　　$= [(S-R) \times \tan30° + 2R] \times (S-R) \times 1/2 + \pi R^2/4$

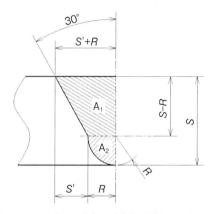

図1-1-30 J形開先詳細

仮にS=22、R=6とすると、A=130.3 mm^{2}となります。
45度レ形開先でS=22とした場合、A=242mm^{2}となります。

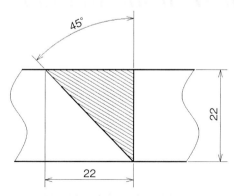

図1-1-31 レ形開先、S=22

図に示すように①深さ4mmのレ形開先を行い、②脚長4mmのすみ肉となるように溶接を指示したい。(a)(b)(c)のうち正しい指示はどれでしょうか？

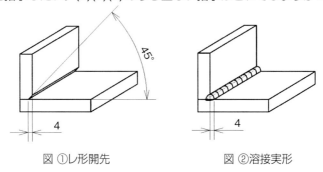

図 ①レ形開先　　　　　　　図 ②溶接実形

(a)	(b)	(c)
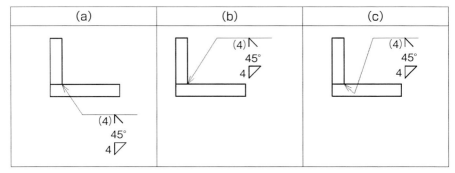		

[参考] 記号の意味

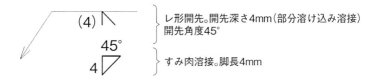

レ形開先。開先深さ4mm（部分溶け込み溶接）
開先角度45°

すみ肉溶接。脚長4mm

＊脚長：すみ肉溶接においては溶接部の縦の長さと横の長さを言います。

2×4のように縦横別に指示もできますが、ひとつの数字で指定した場合は

縦横同じ長さを意味します。

＊レ形開先の脚長4mmを(2)とカッコ付きで表記しているのは部分溶け込

み溶接を意味します。

図1-1-32 脚長

クイズの答え

溶接指示においてはその矢印の向きにも意味があります。一つひとつ見ていきます。

(1)溶接指示の意味

まずは溶接記号の基本を確認します。

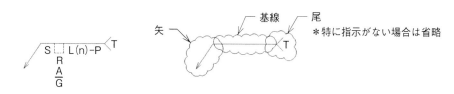

点線の四角部分に溶接指示の記号を描きます。

S：溶接部の主要寸法。例えばすみ肉溶接の場合は脚長を表します。
R：ルート間隔　溶接する2つの材料に設けるすき間のことです。
A：開先角度
L：溶接の長さ
n：断続すみ肉溶接などの数量
P：断続すみ肉溶接などのピッチ
T：特別指示記号　J形・U形などのルート半径
ー：表面形状
G：仕上げ方法

矢と基線の交点に旗印をつけると現場溶接指示、丸印をつけると全周溶接指示となります。

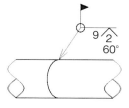

図1-1-33 全周と現場指示

(2)矢印の向き

次に矢と基線の配置の意味について見ていきます。
①開先をとる部材側に基線を配置します。つまり(a)の位置に配置してはいけません。
②矢が開先をとる部材に向かうように配置します。つまり(b)のように配置してはいけません。

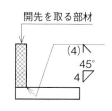

図1-1-34 開先部材

開先を取る部材側に基線が配置され、矢印が開先を取る部材に向かっている(c)の指示が正しい指示ということになります。

クイズの答えは(c)です。

実務における課題と問題 1-1-6

課題
「この溶接部分、結構力かかるけど
ちゃんと検討したやんな？」と溶接
部の強度検討について指摘を受けた。

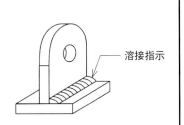

溶接指示

問題
様々な溶接の種類からより強度上有
利なものを選択して図面指示したい。
解答選択欄にある溶接指示のうち、
溶接部が最も強くなるものはどれか。

解答
選択欄

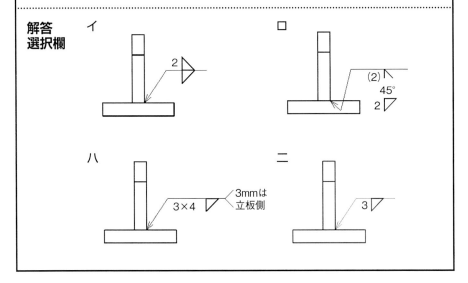

イ　2

ロ　(2)　45°　2

ハ　3×4　3mmは立板側

ニ　3

【解説】

　溶接部の強度は［のど厚］×［溶接長さ］で決まります。溶接長さは全て同じと
すると、のど厚が大きい方が強くなります。解答選択欄にある溶接指示におけるの
ど厚はそれぞれ次の値になります。（求め方は次ページ参照）

イ　2.83
ロ　3.06
ハ　2.4
ニ　2.12

よって解答はロになります。

イ～ニそれぞれの指示における溶接姿と断面、のど厚の計算式を図に示します。

イ	ロ	ハ	ニ
のど厚＝2a $=2\times\dfrac{2}{\sqrt{2}}=2.83$	のど厚＝a $=\dfrac{2\sqrt{2}}{\sin 67.5}=3.06$	のど厚＝a $=\dfrac{3\times 4}{\sqrt{3^2+4^2}}=2.4$	のど厚＝a $=\dfrac{3}{\sqrt{2}}=2.12$

ロとハののど厚計算などについて、さらに次ページで補足します。

メモメモ　のど厚の求め方について補足します（2/3）

　口はすみ肉溶接と部分開先溶接を組合わせたものです。開先溶接とは材料を削りその部分を溶接金属で接合する方法であり、接合する部材のすき間を全て溶接金属で埋める場合を完全溶接（フルペネ）、問題のように途中まで溶接金属で埋める場合を部分溶接と言います。

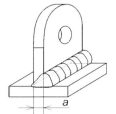

> **フルペネ溶接でののど厚**
>
> 　溶接金属が板の裏側まで回りこんでいます。つまり完全に溶け込んでいる状態です。
>
> 　このときのど厚 *a* は図に示す通り、板厚と同等になります。

　部分溶接とすみ肉溶接と組み合わせた場合ののど厚の求め方は次の通りです。

手順1
　溶接指示により得られる理想の三角形の頂点をABCとし、辺AC上における辺ABと同じ長さの位置を点B'とします。またB点から辺ACに垂線をおろしたときの交点をHとします。

手順2
　頂点Aから辺BB'に向かい垂線を引き、さらに延長したときの辺BCとの交点をXとします。

手順3
　のど厚 *a* ＝辺AXです。ここで問題における三角形ABHは2辺の長さが2の二等辺三角形です。よって辺ABの長さは$2\sqrt{2}$となります。

手順4
　∠XAB＝∠HAB÷2＝45°÷2＝22.5°　よって　∠AXB≅67.5°となります。
　ここで、三角形ABXに着目すると次の関係が成り立ちます。

$$\sin67.5 = \frac{AB}{AX} = \frac{2\sqrt{2}}{a}$$

$$a = \frac{2\sqrt{2}}{\sin67.5} = 3.06$$

| 手順1 | 手順2 | 手順3 | 手順4 |

図1-1-35 のど厚の計算手順

　ハは不等辺のすみ肉溶接指示です。
　溶接指示により得られる三角形の頂点をABCとします。頂点Aから辺BCに下ろした垂線の交点をHとします。

　のど厚a＝辺AHです。
　三角形ABCの面積を得る2通りの式を考えます。

(1)△ABC≅底辺BC×高さAH÷2
(2)△ABC≅底辺AC×高さAB÷2

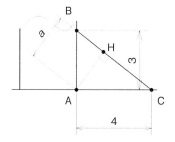

よって
　底辺BC×高さAH÷2＝底辺AC×高さAB÷2

∴AH＝(AC×AB)÷BC

　ここでBCは三平方の定理より

$BC=\sqrt{AB^2+AC^2}=\sqrt{3^2+4^2}=5$

　各寸法を代入します。

$AH=\dfrac{4\times3}{5}=2.4$

以上から解説にある2.4を得ることができます。

Column 溶接強度の計算について（1/2）

　引張応力を σ、せん断応力を τ とします。溶接部の強度は厳密にはのど厚を計算して溶接長をかけたのど断面から求めますが、ここでは溶接の主要寸法（脚長や開先深さなど）から求める一般式を表に示します。

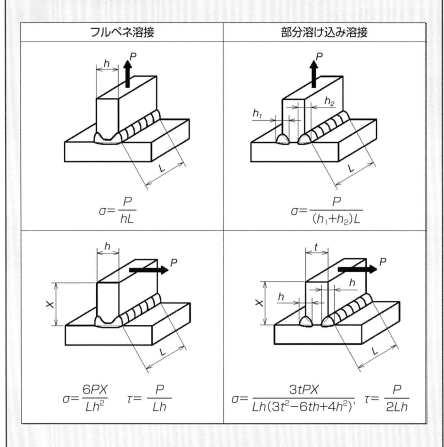

フルペネ溶接	部分溶け込み溶接
$\sigma = \dfrac{P}{hL}$	$\sigma = \dfrac{P}{(h_1+h_2)L}$
$\sigma = \dfrac{6PX}{Lh^2}$ 　 $\tau = \dfrac{P}{Lh}$	$\sigma = \dfrac{3tPX}{Lh(3t^2-6th+4h^2)}$, 　 $\tau = \dfrac{P}{2Lh}$

Column 溶接強度の計算について（2/2）

　引張応力をσ、せん断応力をτとします。溶接部の強度は厳密にはのど厚を計算して溶接長をかけたのど断面から求めますが、ここでは溶接の主要指示寸法（脚長や開先深さなど）から求める一般式を表に示します。

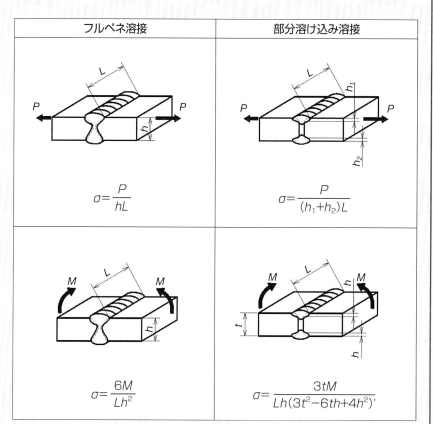

フルペネ溶接	部分溶け込み溶接
$\sigma = \dfrac{P}{hL}$	$\sigma = \dfrac{P}{(h_1 + h_2)L}$
$\sigma = \dfrac{6M}{Lh^2}$	$\sigma = \dfrac{3tM}{Lh(3t^2 - 6th + 4h^2)}$

実務における課題と問題 1-2-1

課題	「ボルトだけで位置決めできるようにしといてくれ」と上司より指示を受けた。

問題	「ボルトで2つの部品の位置決めできるやつあるで！あそこのカタログ100ページくらいにあったはずや」とアドバイスを受けた。2つの部品を精度良く締付するための要素として、何を採用すればよいか。

解答
選択欄　イ　通しボルト　　　ロ　リーマボルト
　　　　ハ　埋め込みボルト　　ニ　押さえボルト

【解説】
イ　2つの部品を締結するためにはボルトがよく使用されます。通しボルトは**図1-2-1**に示すように、ボルト径に対し部材の穴の方を大きくあけます。この穴を通し穴と呼び、ボルトを通してナットをかけて締付します。

ロ　リーマボルトは**図1-2-2**に示すように、ボルト円筒部の外径と通し穴内径にすき間が無いようにするものです。これにより2つの部品を精度よく位置決めして締付します。外径と内径の　すき間は通常はめあい公差（IT公差）で指示します。

ハ　埋め込みボルトは**図1-2-3**に示すように、両側がねじ切られた埋め込みボルトをまずはめねじが切られた部品（図下側）にねじ込みます。その後に締付したい部品をナットを使って固定します。

ニ　押さえボルトは**図1-2-4**に示すように、めねじが切られた部品と通し穴があけられた部品とを締付します。締付と位置決めを両立させるにはリーマボルトを使用します。

よって解答はロになります。

図1-2-1 通しボルト　図1-2-2 リーマボルト　図1-2-3 埋め込みボルト　図1-2-4 押さえボルト

メモメモ　はめあい公差について補足します（1/3）

　はめあい公差（IT公差：International Tolerance）とは、丸穴と丸軸とのすき間を精度良く指定するための公差です。指示方法は、公差域の位置（アルファベットで指示）と公差の幅（数字で指示、IT公差等級とも言う）を組合わせます。

（1）公差域の位置

　基準線からの最小公差を指示するものです。具体的な数値は基準の大きさ（ここでは ϕ 10）を指示することで確定します。詳細はJIS B 0401をご確認ください。

　いま**図1-2-5**に示す ϕ 10の径にはめあい公差を適用したい場合を考えます。表面を拡大したときの公差域aからzcまでの公差域の位置を**図1-2-6**に示します。h指示を境にa側は必ずマイナス公差に（軸が細く）なります。jsは±均等公差、k指示はプラスとマイナス公差（k指示の一部はプラス公差）となりm〜zcは必ずプラス公差に（軸が太く）なります。

　軸の場合は小文字で指定しますが、穴の場合は大文字で指定します。また、軸の場合とプラスとマイナスが逆になります。すなわちA指示からH指示までがプラス公差に（穴が大きく）なります。

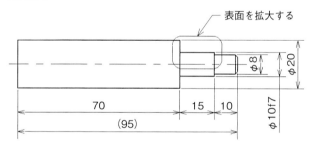

図1-2-5 軸加工例

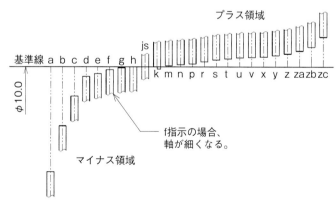

図1-2-6 基準（ ϕ 10 ）に対する公差指示の±領域イメージ図

メモメモ　はめあい公差について補足します（2/3）

(2) 公差の幅

　基準寸法（例：φ10）と公差域の位置（例：f）を決定したら基準からの公差の最小値が確定します。（例：φ10f　→　−13μm）

　次に公差の幅つまり公差の最大値をIT公差等級で指定します。

　IT公差等級表の一部を**表1-2-1**に示します。表からφ10のIT7は「15μm」であることがわかります。つまり公差の最大値は13＋15＝28μmとなります。

　よってφ10f7の指示での公差は−13μm〜−28μmとなります。

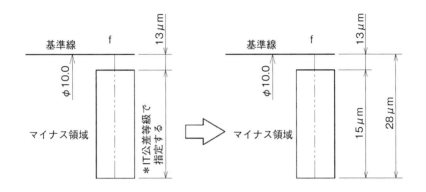

図1-2-7 基準（φ10）に対する公差値の確定

表1-2-1 IT公差等級（JIS 0401-1より一部抜粋）

基準寸法 (mm)		公差等級											
超える	以下	IT01	IT0	IT1	IT2	IT3	IT4	IT5	IT6	IT7	IT8	IT9	IT10	IT11
		基本サイズ公差値											
−	3	0.3	0.5	0.8	1.2	2	3	4	6	10	14	25	40	60
3	6	0.4	0.6	1	1.5	2.5	4	5	8	12	18	30	48	75
6	10	0.4	0.6	1	1.5	2.5	4	6	9	15	22	36	58	90
10	18	0.5	0.8	1.2	2	3	5	8	11	18	27	43	70	110
18	30	0.6	1	1.5	2.5	4	6	9	13	21	33	52	84	130
30	50	0.6	1	1.5	2.5	4	7	11	16	25	39	62	100	160
50	80	0.8	1.2	2	3	5	8	13	19	30	46	74	120	190
80	120	1	1.5	2.5	→	6	10	15	22	35	54	87	140	220

　はめあい公差の考え方は以上ですが、ここでははめあい公差、穴公差H6〜H8に対する軸公差の組合わせとそのイメージを記しておきます。

表1-2-2 公差の組合わせイメージ

			H6	H7	H8	H9	備考（イメージ）
相対的に部品が動かせる	すき間ばめ	緩合				c9	
		転合		e7	e8	e9	分解することが多い部分に使用するはめあい
			f6	f7	f8		
		精転合	g5	g6			ほとんどガタのないはめあい 位置決めなど
相対的に部品が動かせない	中間ばめ	滑合	h5	h6	h7 (h8)	h9	潤滑剤を使用すれば手で動かせる程度のはめあい
		押込	h5 (h6)	js6			組立・分解には木のハンマなどが必要
			js5	k5			組立・分解にハンドプレスや鉄ハンマなどが必要 多少の隙間が許される高精度の位置決め
		打込	k5	m6			組立・分解にハンドプレスや鉄ハンマなどが必要 多少の隙間も許されない高精度の位置決め
	しまりばめ	軽圧入	m5	n6			小さな力ならはめあいの結合力で伝達できる
		圧入	n5	p6			分解時は部品を損傷する
		強圧入	r5	s6 ~ x6			焼きばめや冷やしばめが必要 基本的に分解することのない永久的な組立となる

　私自身は製造現場の設備や治具の設計時に位置決め用途としてH7とg6の組合わせをよく使用していました。

Column ねじ山の出っ張り量

　ボルトとナットを組合わせて使用する場合、ナットからねじ部の出っ張る量は3山以上にする、と聞いたことはないでしょうか。私は若手の頃よく言われました。

　この3山以上という数字には、それなりの理由が2つあるので紹介します。

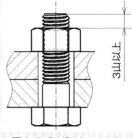

図1-2-8 ボルト・ナット

(1) 製造上の問題

　ねじ部製造時にどうしても先端2山程はねじ山、あるいは円筒部自体が細くなってしまうことがあります。

　このためボルトとナットのねじ部を確実に嚙合わせるために3山程度は出す必要があります。

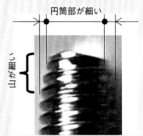

図1-2-9 ねじ部先端

(2) 力のかかり方の問題

　ボルトに太矢印方向に引張力がかかったときにナットには細い矢印の方向の力がかかります。このときボルトのねじ部が出っ張っていないとナットが微小に変形してしまいます。

　ボルトが出っ張っていることでこの矢印の力に抵抗します。この力に抵抗するために十分な量が3山程度になります。

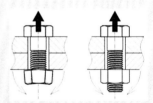

図1-2-10 ナットにかかる力

MEMO

実務における課題と問題 **1-2-2**

| 課題 | ボルト・ナットのゆるみ対策はどないすんの？とDRで上司から質問があった。 |

| 問題 | ゆるみ止めのアイテムから効果的なものを選びたい。ボルト・ナットのゆるみ止め対策として効果が期待できないものはどれか。 |

**解答
選択欄**　　イ　平座金を入れる。　　　　ロ　ゆるみ止め剤を塗布する。
　　　　　　　ハ　ダブルナットをかける。　ニ　ばね座金を入れる。

【解説】

ボルト・ナットに限らずねじ類がゆるむ原因は大きく分けて2つあります。

(1)　軸力が失われることでゆるむ。

(2)　戻りトルクが発生してゆるむ。

ボルト・ナットは締め付けることで軸方向にボルトが伸びます。そして伸びた分、元に戻ろうとする力が発生します。これが軸力です。この軸力によって対象（母材と呼ぶ）を締付します。

この軸力が失われる原因の主なものには次のようなものがあります。

①初期ゆるみ（馴染み）。

②母材のねじ頭と接触している部分が陥没する。

③振動による摩擦が発生し、母材が摩耗する。

④ボルトと母材の材質が異なる場合、温度差が生じたときに伸び量が異なるため
　緩む。

また、戻りトルクは機械の繰り返し動作や振動の方向によって発生します。

イ　平座金を入れると軸力を受ける面積が増加し、応力が低下するため陥没対策に
　なります。

ロ　ゆるみ止め剤は粘性によりねじ部の摩擦抵抗が大きくなるため戻りトルクに抵
　抗します。

ハ　ダブルナットをかけることでロック力が働き戻りトルクに強くなります。

ニ　一般にばね座金のばね性により摩擦力が上がる、切断部分が座面に食い込む、
　この2つの作用によりゆるみ止め効果があると言われることがあります。しかし、
　ばね性という意味ではもともとボルト・ナットは締め付けた時点で軸力を持っ

ています。そこにばね力が加わっ てもあまり意味はありません。そもそもば
ね座金のばね力（ばね定数）には規定がなく、そ の効果を測ることはできま
せん。また食い込み効果についてもそもそも食い込み効果を狙って切断部分を
加工しているわけではないため、その効果を測ることはできません。つまり、
あるばね座金には大きなゆるみ止め効果を持つものがあるかもしれないが、別
のばね座金 には全くゆるみ止め効果を持たないものがある可能性があります。
このような要素をゆるみ止めとして使用するのはあまり適切とは言えません。

よって解答はニになります。

メモメモ　各解答について補足します（1/3）

まずはボルト・ナットの締付についておさらいをします。

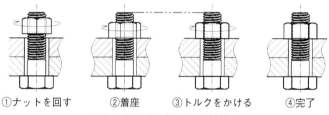

①ナットを回す　②着座　③トルクをかける　④完了

図1-2-11 ボルト・ナット締結

図1-2-11に示すように、まずはナットを回していきます。ナットの下面が母材に接触し
た②の状態を着座と呼びます。ここまでは特に高いトルクをかける必要はなく、手回しで
いけます。

　着座してから工具などを使用してトルクをかけていきます。トルクをかけていくとボル
トは微小量ですが伸びます。これにより解説で述べたように軸力が発生します。

　発生した軸力によって初期ゆるみ、いわゆる「へたり」「馴染み」などと呼ばれる現象
が発生します。初期ゆるみは締め付け後、ある程度の時間経過後に増し締めを行うか、そ
の発生を想定してあらかじめ高めのトルクで締め付けたりすることで対策します。

　また、発生した軸力はナット（ボルト）の底面と母材の接触部（座面と呼ぶ）で受ける
ことになります。つまり座面の面
積に応じた応力が発生します。（応
力σの基本式：$\sigma = [力／面積]$）

イ　平座金を入れることでこの軸
力を受ける面積が大きくなり、座
面に生じる応力が小さくなり陥没
対策となります。

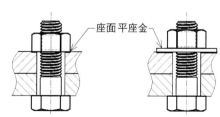

座面 平座金

図1-2-12 座面のイメージ

メモメモ　各解答について補足します(2/3)

　締付完了後に何らかの理由で戻りトルクが発生した場合、①座面（ナット下面と母材の接触面）の摩擦抵抗、②ボルト・ナットのかみ合い接触部の摩擦抵抗、この2つの抵抗力により戻り回転を防ぎますが、トルクが抵抗力よりも大きくなった場合は、戻り回転してしまいます。

ロ）ねじ山にゆるみ止め剤を塗布することでかみ合い接触部の抵抗が大きくなります。これによって戻り回転が発生しにくくなります。
　ゆるみ止め剤には脱出トルクあるいは破壊トルクが明記されているものもあり、選定の際に役立ちます。

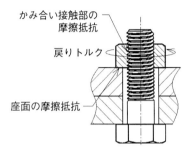

図1-2-13 ボルト・ナットの抵抗

　次にダブルナットの効果について、まずは手順から見ていきます。

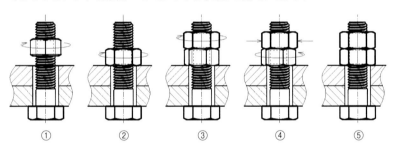

図1-2-14 ダブルナットの手順

　①1つ目のナット(内ナット)をかけていきます。②トルクをかけて締付を完了させます。次に③2つ目のナット(外ナット)をかけていき締め付けてトルク管理を行います。④外ナットを固定して内ナットを逆回転させます。

　次にダブルナットをかけたときのナットとボルトのかみ合い部の詳細から、ダブルナットの効果を見ていきます。

メモメモ　各解答について補足します（3/3）

　(a)内ナットを締めた状態、(b)外ナットを締めた状態、(c)外ナットを固定して内ナットを逆回転させた状態、それぞれのかみ合い部の状態を、**図1-2-15**に示します。

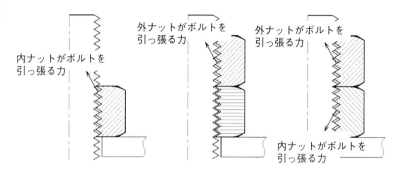

図1-2-15 かみ合い部拡大

　まず内ナットを締め付けると、ナットのねじ山上面がボルトのねじ山下面を押し上げてボルトを上向きに引っ張る力が働きます。ボルト・ナットで互いのねじ山には微小なガタがあるため、反対側のナットのねじ山下面とボルトのねじ山上面には微小なすき間ができます。
　外ナットを締めつけると外ナットが内ナットを押さえ付けることで外ナットは上向きの力を出し、内ナットは力が抜けます。

　ここから外ナットを固定して内ナットを逆回転させると、外ナットはボルトを上向きに引っ張る力を出しますが、内ナットはそれとは逆向きのボルトを下方向に引っ張る力を出します。
　このうちナットにより発生する逆向きの力が、問題の解説でロック力と呼んでいたものです。ロック力によりかみ合い接触部の摩擦抵抗が大きくなります。
　整理すると、外ナットがボルトを上向きに引っ張ることで締結力を保持し、それに対して内ナットがロック力を発生させてゆるみ止めとなります。
　よって、
ハ　ダブルナットをかけることでロック力が働き、戻りトルクに強くなります。

ダブルナットをかける場合、2種（あるいは1種）ナットと厚みの薄い3種ナットを組合わせることがあります。2種と3種、どちらを外ナットでどちらを内ナットで使えばよいでしょうか？

クイズの答え

　内ナットはあくまで外ナットをロックするためのものです。締め付けという意味では外ナットが重要です。よって外ナットを2種（1種）、内ナットを3種とするのが正しい組合わせです。

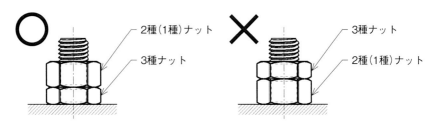

図1-2-16 2種と3種の組合せ

メモメモ　ナットの1種、2種、3種について補足します

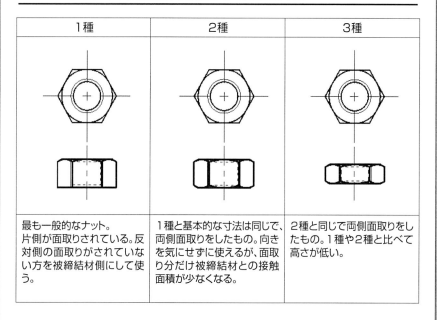

1種	2種	3種
最も一般的なナット。片側が面取りされている。反対側の面取りがされていない方を被締結材側にして使う。	1種と基本的な寸法は同じで、両側面取りをしたもの。向きを気にせずに使えるが、面取り分だけ被締結材との接触面積が少なくなる。	2種と同じで両側面取りをしたもの。1種や2種と比べて高さが低い。

　ダブルナットで使用する場合を考えてみると、内ナットに1種、2種、3種どれを使用しても外ナットとの接触面は面取り面になります。

　よって外ナットに1種を使用する意味は、比較的に入手しやすいということを除いて、あまりありません。

　一方、2種を使用することで裏表を気にすることなく組立ができるため、その意味はあります。さらに内ナットに3種を用いることで全体の高さを低く、コンパクトにすることができます。

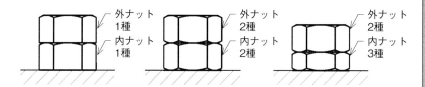

図1-2-17 ダブルナットの組合わせ

Column　ばね座金は不要なのか?! (1/2)

　先の問題・解説で、ばね座金はゆるみ止めとして不適切であると結論を述べました。ではばね座金は不要なのでしょうか。私の結論は「使い方によっては必要だ」というものです。ここでその使い方を3つ紹介します。

(1)　自動ねじ締め時の品質管理
　締付時のトルク波形を取ると、ばね座金が無い場合は着座までは低トルクで回転して着座とともに急激にトルクが上がり設定トルクに到達して完了します。

　ばね座金を使用すると着座の前にばね座金が効き始めて少しトルクが上がります。そしてその後ばね座金が完全に閉じた状態（この場合これを着座と呼びます）になると、一気にトルクが上がり設定トルクに到達して完了します。

　ばね座金がない場合、例えば600rpmなどの高速回転でねじ締めを行うと、着座とともに慣性力による衝撃荷重が加わってしまい、締め付けトルクがバラついてしまいます。だからと言って初めから50rpm程度の低速回転としてしまうと、ねじ締めに時間がかかってしまいます。

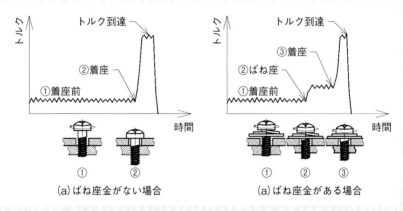

図1-2-18 ねじ締めトルク波形（例）

　ばね座金を入れると着座前に一度トルクがアップします。ここまでを仮締めと定義して高速回転低トルク出力で締め付け、その後を本締めと定義して低速回転高トルク出力で締め付けを行うことで、すばやく安定した品質でねじ締めを行うことができます。

Column　ばね座金は不要なのか?! (2/2)

(2)　ねじがゆるんだ時の脱落防止

　仮に母材が陥没してしまって軸力が完全に失われる場合を考えます。ばね座金がなければ完全に軸力を失ってしまいます。ばね座金があれば物理的に戻りトルクが加わって、ねじと母材にすき間が発生するほど緩まない限りはばね座金が閉じたままになります。これによりばね座金のばね力は発生したままとなるので、その分の軸方向に作用する力が残ります。

(3)　仮組・微調整に便利

　ばね座金がないと締付時には前述のようにいきなりトルクが上がってしまいますが、ばね座金があることでそのばね性で母材を軽く固定することができます。
　特に微調整を行いたいときなどは、この軽く締付した状態、仮組状態にしてハンマーなどでコンコンとたたくと、微調整がやりやすくなります。

実務における課題と問題 **1-2-3**

課題
「これヌスミ入れへんとねじこめへんで？！」
段付き軸のねじ加工部にヌスミを入れるように指示を受けた。

問題
ヌスミの意味がよく
わからない。ヌスミ
とは次のどれを意味
するか？

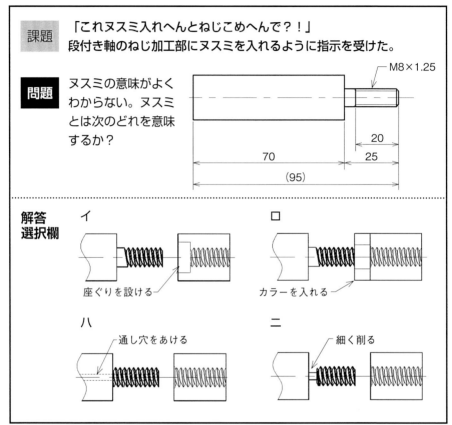

解答
選択欄

イ
座ぐりを設ける

ロ
カラーを入れる

ハ
通し穴をあける

ニ
細く削る

【解説】

　旋盤でねじ切り加工を行うと、根元部分にねじ加工ができない部分が発生します。このまま締め込もうとしても締め込むことができません。そこで、めねじ側にざぐりを入れるいわゆる逃がしを設けたり、カラーを入れたり、おねじの根元を細く削るいわゆるヌスミを設けます。ヌスミを設けると細くなるので、その分強度が弱くなるため注意が必要です。

よって解答はニになります。

メモメモ　通し穴をあけたボルトについて補足します

　内側をカーボンの板で覆った金属製の真空容器を設計したことがあります。このときカーボン板を容器内壁にボルト止めをしていましたが、普通のボルトを使用すると**図1-2-19**に示すように(1)ボルトの先と、(2)ボルトと被締結物とのクリアランス部分に、エア溜まりができてしまいます。

　この状態で真空引きを行うと、エア溜まりの空気がなかなか抜けずに真空引きに長時間かかってしまいます。

　このようなときには次のような対策を行います。
　　(1)ガス抜き用の通し穴をあけた真空用ボルトを使用する。
　　(2)ガス抜き用の溝のついたワッシャーを使用する。
　　　あるいは被締結物にガス抜き用の溝を設ける。

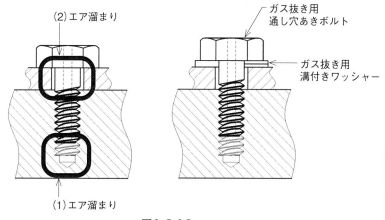

図1-2-19

　このように通し穴あきボルトは、とまり穴にたまるエアなどのガスを抜くために使用します。

実務における課題と問題 **1-2-4**

課題	板厚t2.0のSPCC（冷間圧延鋼板）にM5のタップ（めねじ）をあけるカバーの詳細図を描いたところ、先輩から「こんな薄い板にM5のタップなんて立たへんで！」と指摘を受けた。

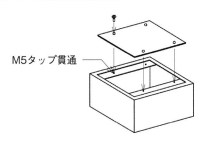

M5タップ貫通

問題	ねじとタップの関係性のみを考慮した（内部機器などとの干渉は無視する）とき、対応として最も不適切なものはどれか。

解答選択欄

イ　板厚をt2.3に変更した　　ロ　バーリングタップに変更した
ハ　溶接ナットを裏面に溶接するよう変更した
ニ　M3ボルトに変更した

【解説】

　薄板にタップをあける際によく言われる目安の一つに「ねじ山は3山以上かかること」があります。その根拠についてはコラムに譲るとして、ここではこの目安に従って見ていきます。

　M5のねじは1回転で進む距離（リード）が0.8mmです。つまりt2.0の厚さの板では2.0÷0.8=2.5山分のねじ山が形成されます。

図1-2-20 ねじ部拡大

イ　t2.3に変更すると、2.3÷0.8=2.875山となります。よって不適切です。
ロ　バーリングタップを施すことで裏面に出っ張りができるため、3山以上のかかりを確保できます。よって適切です。
ハ　溶接ナットを溶接することで裏面に出っ張りができるため、3山以上のかかりを確保できます。よって適切です。
ニ　M3ボルトのピッチは0.5です。2.0÷0.5=4山となります。3山以上という目安に従うのであれば適切です。

よって解答はイになります。

メモメモ　バーリングタップについて補足します

　バーリングタップはねじ山のかかり数が確保できない薄板ものによく使われる加工です。

　図1-2-21～23に示すような手順で行われます。
①下穴をあけます。
②専用の工具を使ってバーリング加工を施します。
③バーリング加工の内側にタップ加工を施します。

　バーリングにより裏面に形成される凸部をフランジと呼びます。

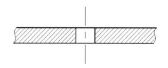

図1-2-21 下穴加工

　さて今ここで問題にあるt2.0の板にM5のタップを立てることを考えます。

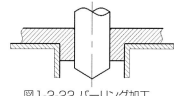

図1-2-22 バーリング加工

　M5の場合ピッチは0.8であり3山以上を確保しようとすると2.4㎜以上の厚さが必要になります。

　このとき、フランジ高さが2.4㎜未満であれば3山以上が確保できないことになります。フランジ高さは板厚と加工条件に依存します。加工業者さんのノウハウですので実際にバーリングタップを指示する場合は加工業者さんと相談してみてください。

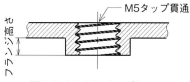

図1-2-23 M5 タップ加工

　参考までにバーリング可否の私の目安を**表1-2-3**に示しておきます。

表1-2-3 バーリング可否判定の目安

サイズ	ピッチ	板厚				
		0.8	1.0	1.2	1.6	2.0
M3	0.5	△	○	○	○	不要
M4	0.7	×	△	○	○	○
M5	0.8	×	×	△	○	○
M6	1.0	×	×	×	△	○

　　×　　バーリングを施しても3山確保が難しい
　　不要　板に直接タップで3山以上確保が可能

Column ねじ山のかかり数について

　先にねじ山の出っ張り量は3山以上と書きましたが、ねじ山のかかり数も3山以上とよく言われます。この数字にも根拠になりうるものがあります。

　それがこちら「引張破壊」と「ねじ山（谷）のせん断破壊」の比較です。

　ねじに引張荷重をかけたとき、この荷重が破断強度を超えたときにねじは破壊されます。この破壊の形態は主に2種類あります。

　一つはねじ本体の有効断面積が、発生する引張応力に耐えられなくなって破壊する引張破壊。

　一つはねじ山部の根元が、発生するせん断応力に耐えられなくなって破壊するせん断破壊。

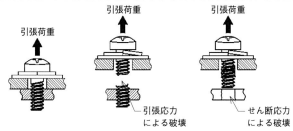

図1-2-24 破壊の形態

◆引張応力σ

引張力をF、ボルトの有効断面積をAsとすると次式が成り立ちます。

$\sigma = F/As$　N/mm^2　………①

◆せん断応力τ

　ねじ山のかかり数をzとしてめねじの内径をD_1（もしくはおねじの谷径をd_1）とすると、せん断力を受け持つ面積A_tは次式で表されます。Pはピッチとします。

$At = \pi \times D_1 \times P \times z$

$\tau = F/A_t = F/(\pi \times D_1 \times P \times z)$　N/mm^2　………②

　引張応力の許容値をσaとし、さらにここではせん断応力の許容値を$\tau a/\sqrt{3}$とします。引張荷重Fをかけて発生する引張応力σが許容値σ_aに達する前に、せん断応力τが許容値τ_aを超えるとせん断破壊が先に生じてしまいます。万が一破壊が発生したときを考えて、せん断破壊を起こさないためには$\tau < \sigma/\sqrt{3}$を満たす必要があります。①、②式とこの関係から次式を得ることができます。

$F/(\pi \times D_1 \times P \times z) < (F/As)/\sqrt{3}$

$z > As \times \sqrt{3}/(\pi \times D_1 \times P)$　………③

　③式からねじ山のかかり数は有効断面積Asとめねじの内径D_1（おねじの谷径d_1）およびピッチPから求めることができます。

Column　ねじ山のかかり数について

有効断面積の算出式はJIS B 1082に次の2式があります。

$$A_s = \frac{\pi}{4} \left(\frac{d_2 + d_3}{2} \right) \quad \cdots\cdots\cdots (1)$$

* d_3：おねじ谷径（めねじ内径）の基準寸法d_1からとがり山の高さHの1/6を減じた値

$$\Rightarrow \quad d_3 = d_1 - H/6 \quad 、\quad H = 0.866\ 025\ 404 \times P$$

$$A_s = 0.7854\ (d - 0.9382P)^2 \quad \cdots\cdots\cdots (2)$$

以上の計算はおねじ・めねじが同一材質、許容せん断応力と許容応力との関係が$\tau_a = \sigma_a \sqrt{3}$という前提のもとで安全率を考慮せずに成り立っています。実際の設計にはこれらを考慮する必要があります。

Column ねじ山のかかり数について（計算結果一覧表）

メートル並目ねじの基準寸法と有効断面積、およびねじ山のかかり数

呼び径	ピッチ P mm	めねじ			有効断面積 A_S mm^2	ねじ山のかかり数 z
		谷径 D	有効径 D_2	内径 D_1		
		おねじ				
		外径 d mm	有効径 d_2 mm	谷径 d_1 mm		
M1.6	0.35	1.6	1.373	1.221	1.27	1.638
M2	0.4	2.0	1.74	1.567	2.07	1.821
M2.5	0.45	2.5	2.208	2.013	3.39	2.063
M3	0.5	3.0	2.675	2.459	5.03	2.256
M4	0.7	4.0	3.545	3.242	8.78	2.133
M5	0.8	5.0	4.48	4.134	14.2	2.367
M6	1.0	6.0	5.35	4.917	20.1	2.254
M8	1.25	8.0	7.188	6.647	36.6	2.429
M10	1.5	10.0	9.026	8.376	58.0	2.545
M12	1.75	12.0	10.863	10.106	84.3	2.628
M16	2.0	16.0	14.701	13.835	157.0	3.128
M20	2.5	20.0	18.376	17.294	245.0	3.124
M24	3.0	24.0	22.051	20.752	353.0	3.126
M30	3.5	30.0	27.727	26.211	561.0	3.371
M36	4.0	36.0	33.402	31.67	817.0	3.556

　上記表から、M6以下の比較的に細径では3山以上かけることでせん断破壊を抑制することができることがわかります。一方でM12を超えてくるとzの計算結果が3を超えてくるため、より多くのかかり数が必要であることがわかります。

ステップ1 固定方法について学ぼう！

◆部品同士の固定にはボルト以外に、リベット、インローなどによるはめ
　こみ、ピン、溶接などがあります。

◆固定方法には本書で挙げた方法以外にも、材料を塑性変形させるかしめ、
　材料のばね性を利用するスナップフィットなどがあります。

◆部品同士を押し付ける力を発生させるためにはボルトを使用しましょう。

ステップ2 締付方法について学ぼう！

◆座金やばね座金の使用目的を確認しましょう。

◆ねじ山のかかり数を確保しましょう。

◆ボルト・ナットのサイズは可能な限り統一しましょう。

第2章

回転機構を
設計するときの
コツ!コツ!ポイント!

実務における課題と問題 **2-1-1**

課題　倍速ローラコンベア上で搬送するワークを一時停止させるストッパを設計する。
「ワークとストッパが擦れたらあかんで！」と指示を受けた。

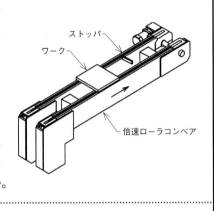

問題　いくつかの機構案を挙げたが、この場合に不適切な機構（ストッパを駆動させたときにワークと擦れてしまう機構）はどれか。

解答選択欄

イ

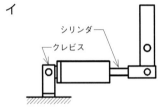

クレビスとシリンダを使った機構

ロ

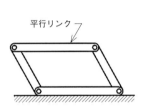

平行リンクを使った機構

ハ

ローラフォロアとシリンダを使った機構

ニ

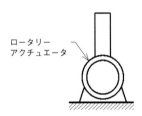

ロータリーアクチュエータを使った機構

【解説】 ストッパを開放する際に直線運動させるとワークと擦れてしまいますが、円弧を描くような回転運動（揺動運動）をさせれば、ワークと擦れることなくストッパを開放できます。

イ：クレビスとシリンダを使うことで、シリンダの直線運動を回転運動に変換できます。

ロ：平行リンクを使うと円弧運動を得ることができます。

ハ：ローラフォロアを転動させることでワークとの摩擦抵抗を低減させるもので、擦れることが前提の要素になります。

ニ：ロータリーアクチュエータはエアなどの動力を用い回転運動を得る機械要素です。回転角が90°や180°などに固定されたタイプと、任意で設定できるタイプがあります。

よって解答はハになります。

右図にロータリーアクチュエータの例を示します。L形の金具は別部品です。この例ではアクチュエータの先端軸にはDカットが施されています。

図2-1-1
ロータリーアクチュエータ

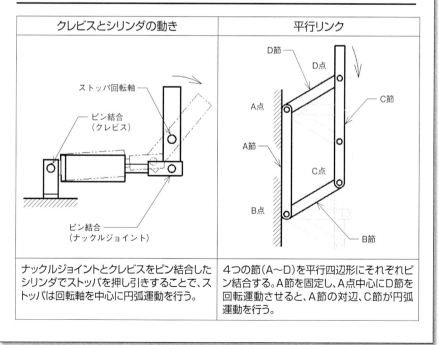

メモメモ　クレビス・シリンダと平行リンクの動きについて補足します

クレビスとシリンダの動き	平行リンク
ナックルジョイントとクレビスをピン結合したシリンダでストッパを押し引きすることで、ストッパは回転軸を中心に円弧運動を行う。	4つの節（A～D）を平行四辺形にそれぞれピン結合する。A節を固定し、A点中心にD節を回転運動させると、A節の対辺、C節が円弧運動を行う。

Column クレビスとシリンダを使ったストッパの設計とコツ! (1/2)

　まずは用語を定義しておきます。ここではコンベアと搬送するワークとの接触面をパスラインと呼ぶこととします。ストッパが起きた状態をON、倒れた状態をOFFとします。

　図2-1-2（a）の状態ではOFF（2点鎖線で示す状態）のとき、ストッパ先端がパスラインを飛び出ているためワークが引っかかってしまいます。そこで（b）のようにシリンダストロークを長くしました。OFFのときにストッパ先端はパスラインを下回っているため、ワークは引っかからずに次工程へ送ることができます。

　しかしこの状態からOFF⇒ONに切り替えるとストッパが回転軸を中心に時計回りに回ってしまいます。OFFのときにクレビスピンと回転軸中心を結ぶ線をナックルジョイントピンが超えてしまっているからです。

　よって正しく駆動させるためには、ストロークを長くするだけではなくもう一工夫が必要です。

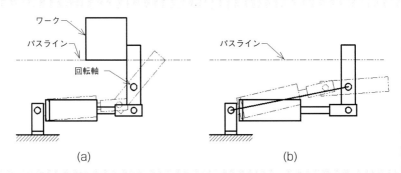

(a) 　　　　　　　　　　　　　　　　　(b)

図2-1-2

図2-1-3 クレビスでの連結

図2-1-4 ナックルジョイントでの連結

Column クレビスとシリンダを使ったストッパの設計とコツ！（2/2）ー工夫の例（シリンダストロークを長くすることに加える）

1. 図2-1-5（a）のように回転軸とナックルジョイントピンとの距離Lを長くする。
2. （b）のように回転軸を駆動させるレバーを別に設けてそれをシリンダで押し引きさせる。

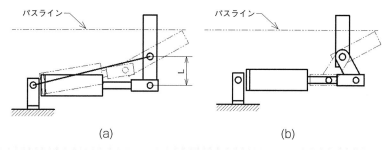

(a)   (b)

図2-1-5

　図2-1-5の2つの例はシリンダストロークを長くすることが前提の設計です。ここでさらに、クレビスと回転軸の相対的な位置が変更できない場合、つまりシリンダストロークを長くすることが難しい場合を考えます。結論としてはストッパを**図2-1-6**（a）のように回転軸に対して後ろにオフセットさせます。シリンダストローク、クレビスとナックルジョイントおよび回転軸の位置関係は図2-1-2（a）と全く同じです。

　これにより図2-1-6（b）のように、OFFのときにはパスラインを下回るようになりました。

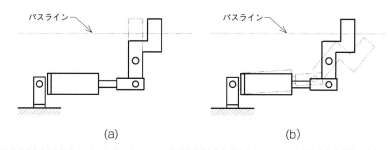

(a)   (b)

図2-1-6

Column　クレビスとシリンダで大失敗！

　設計段階では**図2-1-7**（a）に示すようにストッパは十分に駆動するはずでした。しかしながら実際にできあがったものを動かしてみると、（b）のようにパスラインから飛び出していました。
　さて、なぜでしょうか？図面を確認してもおかしなところは見当たりません。シリンダストロークも問題ありません。組立精度や誤差も考慮して確認しましたが問題ありません。

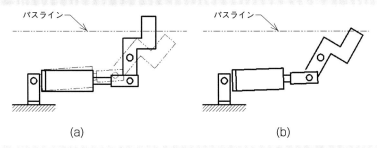

(a)　　　　　　　　　　　　　　　(b)

図2-1-7

　原因はナックルジョイントとストッパの干渉でした。**図2-1-8**に示すように、シリンダがストッパを引っ張ったときにナックルジョイントとぶつかっていました。
　恥ずかしながら図面は断面図を見ていなかったこと、現物確認では上からちらっと見ただけだったこと、もちろん当時は経験不足もあり、すぐには気づけませんでした。

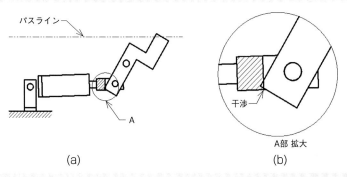

(a)　　　　　　　　　　　　　　　(b)

図2-1-8

MEMO

実務における課題と問題 **2-1-2**

課題　シリンダとクレビスを使ったストッパの回転軸を設計する。「軸受も
いろいろ種類あるけど、最近はカタログ見たらだいたい書いてあるか
らちゃんと見とけよ」とアドバイスを受けた。

問題　ストッパにワークが衝突した
とき、回転軸に対し垂直方向
の力が発生する。
回転軸の軸受（ベアリング）
として不適切なものはどれか。

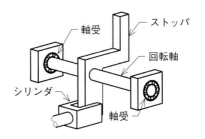

軸受　ストッパ
回転軸
シリンダ
軸受

解答 選択欄	イ　深溝玉軸受	ロ　アンギュラ玉軸受
	ハ　スラスト玉軸受	ニ　円筒ころ軸受

【解説】軸受にかかる負荷は軸方向の荷重（これをアキシャル荷重と言います）、軸
と直交方向の荷重（これをラジアル荷重と言います）の2種類およびその2つを組
合わせた荷重があります。

イ　深溝玉軸受
　　ラジアル荷重を受けるための軸受です。
ロ　アンギュラ玉軸受
　　ラジアル荷重とアキシャル荷重の両方を受けるための軸受けです。
　　アキシャル荷重は1方向しか受けられないので、2個を対にして両方向のアキ
　　シャル荷重を受けるように使うことが一般的です。
ハ　スラスト玉軸受
　　アキシャル荷重のみを受けるための軸受です。
ニ　円筒ころ軸
　　ラジアル荷重のみを受けるための軸受けです。
　　ボールによる点接触となる深溝玉軸受よりも円筒ころによる線接触となる円筒
　　ころ軸受の方が比較的大荷重を受けることができます。

　回転軸に対し垂直方向の力はラジアル荷重であり、スラスト玉軸受はこれを受け
ることができません。

よって解答はハになります。

メモメモ　軸受の受ける荷重について補足します

　図2-1-9に示すように回転軸に対して軸方向をアキシャル方向（Axial：軸方向）、軸に対して垂直方向をラジアル方向（Radial：放射状）と呼び、それぞれの方向にかかる荷重をアキシャル荷重P_A、ラジアル荷重P_Rと呼びます。アキシャル荷重を特にスラスト荷重とも呼びます。

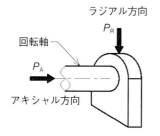

図2-1-9 軸受が受ける荷重の方向

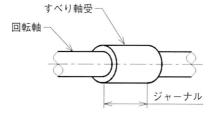

図2-1-10 軸と軸受の接触部分

　軸と軸受が接触する部分をジャーナル（Journal：軸頸）と呼び、特にすべり軸受ではラジアル方向の荷重を受けるものをジャーナル軸受と呼びます（**図2-1-10**）。

　スラスト荷重を受ける構造の代表例にターンテーブルがあります。ターンテーブルのように回転軸方向に力を受ける場合には**図2-1-11**のようにスラスト軸受を使用します。ただし、スラスト軸受けだけではラジアル荷重を受けることができないため、ラジアル荷重を受けることができる他の軸受と組合わせることが一般的です。

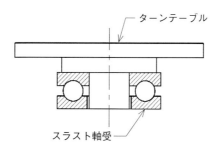

図2-1-11 スラト軸受の使用例

メモメモ　軸受の種類について補足します

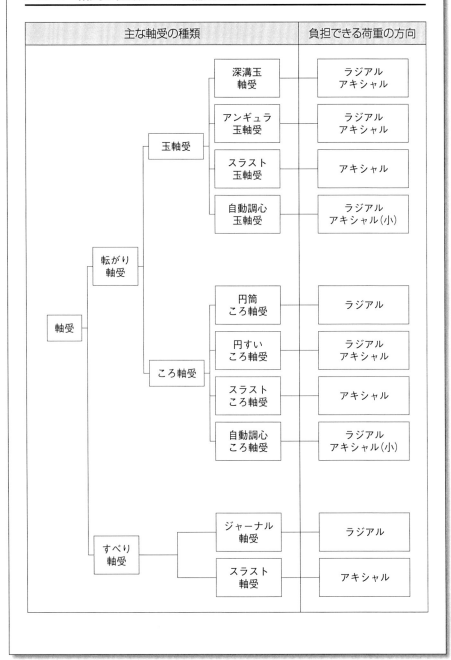

主な軸受の種類			負担できる荷重の方向
		深溝玉軸受	ラジアル アキシャル
	玉軸受	アンギュラ玉軸受	ラジアル アキシャル
		スラスト玉軸受	アキシャル
		自動調心玉軸受	ラジアル アキシャル(小)
軸受	転がり軸受		
	ころ軸受	円筒ころ軸受	ラジアル
		円すいころ軸受	ラジアル アキシャル
		スラストころ軸受	アキシャル
		自動調心ころ軸受	ラジアル アキシャル(小)
	すべり軸受	ジャーナル軸受	ラジアル
		スラスト軸受	アキシャル

メモメモ　転がり軸受の構造について補足します

　ラジアル荷重を受ける軸受けは基本的に、内輪、外輪、転動体、保持器で構成されています。内輪と外輪に転動体が保持器で保持されており、この転動体が転がることで内輪と外輪の回転を支持します。
　外輪を固定し内輪に軸を通すことで軸の回転を支持したり、内輪を固定して外輪にパイプを固定することでローラーを支持したりします。

　スラスト荷重を受けるためのスラスト軸受では内部構造の向きが90°変わります。内輪、外輪と呼ばれる部品が軸軌道盤、ハウジング軌道盤と呼ばれます。

　転動体に球を使ったものを玉軸受、円筒物を使ったものをころ軸受と言います。また、内輪と外輪に一定の角度、接触角を設けてラジアル方向とアキシャル方向の荷重を負担できるようにしたものに、アンギュラ玉軸受あるいは円すいころ軸受があります。

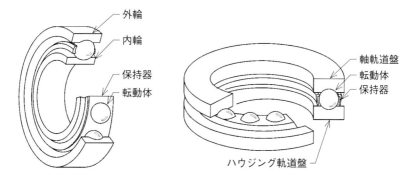

図2-1-12 深溝玉軸受の構造　　　図2-1-13 スラスト玉軸受の構造

メモメモ　転がり軸受の特徴について補足します

図中の中心線は軸の回転中心を表します。

軸受種類	特徴
深溝玉軸受 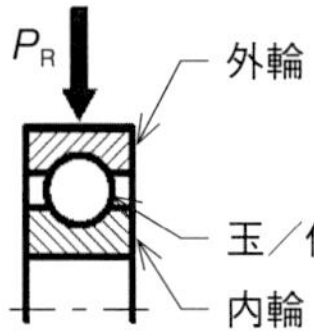 　外輪／玉／保持器／内輪、P_R	最も一般的な軸受。 ラジアル荷重とアキシャル荷重を受けることができる。
アンギュラ玉軸受 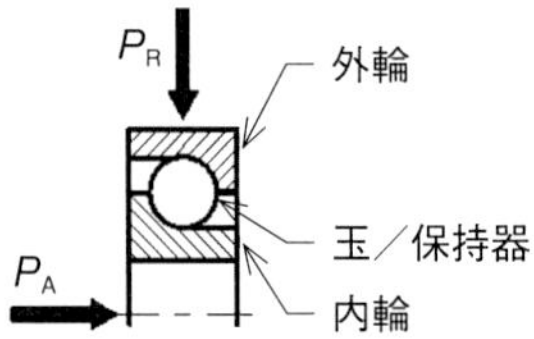 　外輪／玉／保持器／内輪、P_R／P_A	外輪と内輪に一定の角度（接触角α）を付けることでラジアル方向の荷重と一方向のアキシャル方向の荷重を受けることができる。
組合わせアンギュラ玉軸受 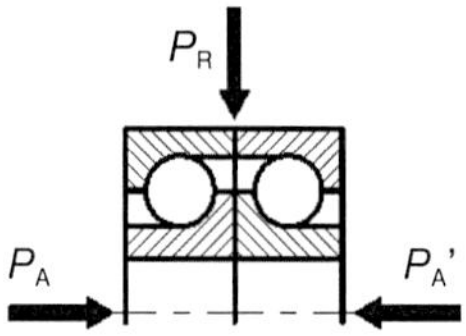 　P_R／P_A／$P_A{}'$	アンギュラ玉軸受を組合わせることで両方向のアキシャル荷重を負荷したり、より大きなアキシャル荷重を付加させたりするもの。左図は正面組合わせ(DF)で両方向のアキシャル荷重を受けることができる。
自動調心玉軸受 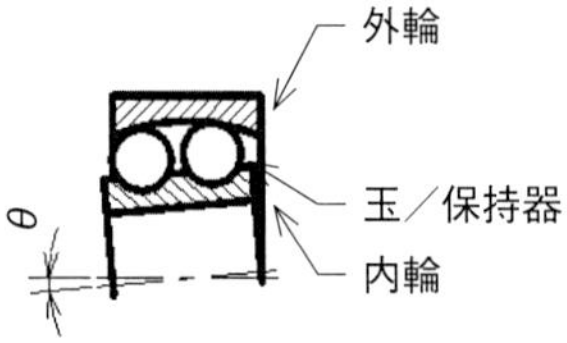 　外輪／玉／保持器／内輪、θ	ハウジングと軸との偏心角を許容することができる軸受。 θ：許容偏心角
スラスト玉軸受 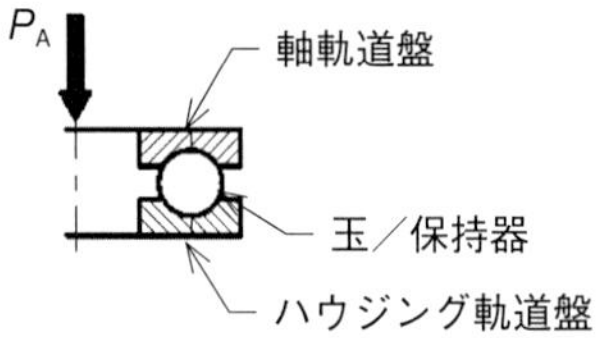 　軸軌道盤／玉／保持器／ハウジング軌道盤、P_A	アキシャル荷重のみ受けることができる。

メモメモ　転がり軸受の特徴について補足します

図中の中心線は軸の回転中心を表します。

軸受種類	特徴
円筒ころ軸受 	ラジアル荷重のみ受けることができる。 ころ軸受けの共通特徴として、深溝玉軸受と比べてころ（丸棒）で受けているので、外輪ーころー内輪の接触面積が大きくなる。このため比較的、低速で大きな荷重に向く。
円すいころ軸受 	ころが斜めに配置され、ラジアル方向の荷重と一方向のアキシャル方向の荷重を受けることができる。
組合わせ円すいころ軸受 	円錐ころ軸受けを組合わせて使用することで両方向のアキシャル荷重を受けることができるようにしたもの。
自動調心ころ軸受 	ハウジングと軸との偏心角を許容することができる軸受。 θ：許容偏心角
スラストころ軸受 	アキシャル荷重のみ受けることができる。

実務における課題と問題 2-1-3

課題 エアシリンダの昇降ストロークをリンク機構で倍増させる。

「この前軸受について教えたやろ！リンクのジョイントのピンのベアリングはラジアル荷重に注意して、コンパクトに設計するんやで」とアドバイスを受けた。

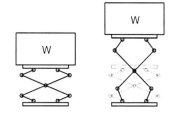

問題 よりコンパクトにするために検討すべき軸受はどれか。2つ選べ。

･･････････････････････････････････････

解答選択欄	イ 円筒ころ軸受	ロ 深溝玉軸受
	ハ ジャーナル軸受（すべり軸受）	ニ 針状ころ軸受

【解説】 リンクのジョイントには回転自由のピン結合が使用されます。このときピンの保持に軸受が使用されることがあります。この場合、軸受にかかる力は基本的にラジアル方向のみになります。よって深溝玉軸受、円筒ころ軸受、ジャーナル軸受（すべり軸受）、針状ころ軸受、の4つ全てが選択肢になります。この4つはいずれもラジアル荷重を受けることができます。

この問題の場合「コンパクト」に注目すると、すべり軸受が候補の1つに挙がります。すべり軸受には外輪や転動体がない分、転がり軸受よりもコンパクトに設計できます。

また針状ころには内輪が存在しないものもあります。内輪がない分、省スペース化に寄与します。その場合、軸とコロが直接接するため、軸に焼き入れなど軸表面の硬度を上げて、傷や摩耗への耐性を高める処置が必要となります。

　よって解答はハとニになります。

メモメモ　ラジアル荷重を受ける軸受について補足します

　ラジアル荷重を受けることのできる3つの軸受それぞれには次のような特徴があります。
・起動摩擦の大きさ
　深溝玉軸受 < 円筒ころ軸受 < ジャーナル軸受（すべり軸受）
・支持可能な負荷の大きさ
　深溝玉軸受 < 円筒ころ軸受 < ジャーナル軸受（すべり軸受）
・使用可能な回転数の大きさ
　深溝玉軸受 > 円筒ころ軸受 > ジャーナル軸受（すべり軸受）

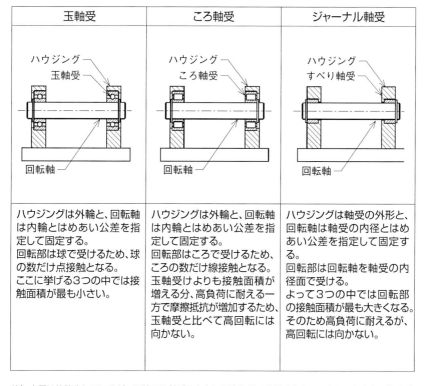

玉軸受	ころ軸受	ジャーナル軸受
ハウジングは外輪と、回転軸は内輪とはめあい公差を指定して固定する。回転部は球で受けるため、球の数だけ点接触となる。ここに挙げる3つの中では接触面積が最も小さい。	ハウジングは外輪と、回転軸は内輪とはめあい公差を指定して固定する。回転部はころで受けるため、ころの数だけ線接触となる。玉軸受よりも接触面積が増える分、高負荷に耐える一方で摩擦抵抗が増加するため、玉軸受と比べて高回転には向かない。	ハウジングは軸受の外形と、回転軸は軸受の内径とはめあい公差を指定して固定する。回転部は回転軸を軸受の内径面で受ける。よって3つの中では回転部の接触面積が最も大きくなる。そのため高負荷に耐えるが、高回転には向かない。

注）上図は簡略化しているが、円筒ころ軸受を左右に組合わせて使用すると、アキシャル方向の荷重が受けられないため軸が抜けてしまう。別途スラストベアリングを追加するか、玉軸受と組合わせる必要がある。

Column 軸受と材料力学

　軸受にかかる荷重には、軸方向のアキシャル荷重とそれに直交するラジアル荷重があります。さてここで**図2-1-14**に示すような構造のとき、軸受けにかかる荷重はいくらになるでしょうか。

　図はローラコンベアをイメージしていますが、簡単のため回転軸1本にワークが載っているとしてください。

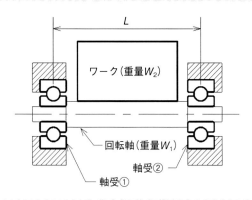

図2-1-14 回転軸

　これは材料力学の問題です。ここでは簡易的にワーク重量が軸全体に等しくかかるとします。このとき両端の軸受け部に発生する支点反力 R は次の通りになります。

$$R = (W_1 + W_2)/2$$

　この支点反力は、鉛直方向に作用する重量に抵抗する力になるため、垂直上向きに作用します。つまり軸受にはラジアル荷重が作用することになります。

MEMO

実務における課題と問題 **2-1-4**

| 課題 | 右図のような構造で回転軸にストッパを固定するための機械要素を選択したい。軸径は10mm、荷重は百数十N程度である。 |

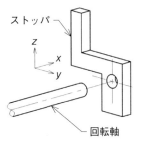

ストッパ

回転軸

| 問題 | 設計にあたり、「動作中に万が一ストッパが外れたら危険やぞ！」と指摘を受けた。固定方法として最も適切なものはどれか。 |

解答 選択欄	イ　止めねじ	ロ　平行キー
	ハ　コッタ	ニ　止め輪

【解説】

イ　止めねじとは、ねじ頭がなく先端に平形状や尖り形状などを持つねじのことです。ストッパ側に軸を通す穴に直交するように貫通タップ（ねじ穴）を加工して、そこにねじ込むことで軸を押さえます。軸方向の任意の位置に固定ができます。ねじである以上は緩み止め対策を行わないと緩む可能性があります。

ロ　キーとは、回転軸のトルクを歯車など他の機械要素へと伝達するための部品です。軸側もしくは部品側、あるいはそれぞれに設けた溝（キー溝）に挿入する部品のことでトルクを伝えます。

　　平行キーは、キー自体は直方体をしており、軸と部品側に溝を設けて挿入します。適切に使用されていればキーが外れることはありません。

ハ　コッタとは、軸に直角方向に設けたテーパ穴に挿入する部品のことで、軸に軸方向の力が発生する場合に用いられます。

　　ストッパの回転軸には軸方向の力は発生しません。

ニ　止め輪とは軸あるいは穴側に溝を加工した部分に差し込む部品のことで、軸方向の移動を規制する、軸の抜け止めとして使用されます。

　　止め輪では軸と部品の回転は規制できません。

　コッタや止め輪ではそもそも今回の用途に合っていません。また、止めねじでは解説の通り対策を怠ると緩んで脱落する可能性があります。よって最も適しているものは平行キーとなります。

　よって解答はロになります。

止めねじ	キー
止めねじの使用イメージ 軸と穴のガタが大きいと1点止めの場合ねじが緩みやすくなるため2点止めとする、あるいは軸にDカット加工を施すなどを行う。 別名、虫ねじ、セットスクリュともいう。	**キーの使用イメージ** 形状や伝達トルクの大きさによって平行キーやくらキー、半月キーなどを使い分ける。 図は平行キーの1例である。
コッタ	止め輪
コッタの使用イメージ コッタは"横せん"や"くさびせん"とも呼ばれる。差し込むだけで使用することも多いが、振動などで軸と直交方向の力が加わる場合は抜け止めを行う必要がある。	**止め輪使用のイメージ** 軸の大きさや、軸方向荷重の有無によってC形止め輪、E形止め輪、軸に溝加工を施さないグリップ止め輪などがある。 図はC形止め輪の例である。

Column　その他の軸の固定方法（1/2）

　止めねじを使った固定では、軸方向は任意の位置での固定が可能でした。ここでは軸方向の位置をある程度決めてしまう固定方法を2つ紹介します。

固定方法1
　軸側に軸に直交方向のタップを立てて、ストッパ側には通し穴を開けてボルトで固定してしまいます。軸方向の位置はタップ位置で決まるため軸方向の位置がある程度決まります。
　もし、ねじのゆるみが心配な場合は軸にも通し穴をあけて「スプリングピン（ロールピンとも呼ばれる）」を打ち込む方法もあります。スプリングピンを使用する場合は基本的に通し穴（貫通させた穴）にする必要があります。もし止まり穴（貫通させない穴）にピンを使用してしまうと、抜くことが非常に困難になります。

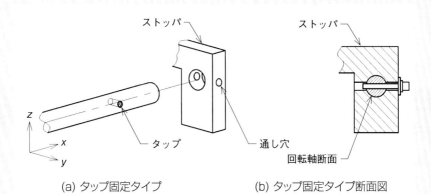

(a) タップ固定タイプ　　　　　　(b) タップ固定タイプ断面図

図2-1-15

Column　その他の軸の固定方法（2/2）

固定方法2

　固定された軸を取り外すことなく部品を付け外ししたい場合は、部品を半割れにしてボルトで締めこむ方法があります。部品と軸は摩擦力でのみの固定のため、高負荷トルクの伝達には使えません。

　また、この構造ではボルトに曲げ応力がかかりやすいため振動が発生する場所や、トルク以外にも大きな荷重が加わる場所には不向きです。

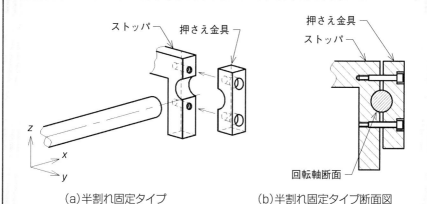

（a）半割れ固定タイプ　　　（b）半割れ固定タイプ断面図

図2-1-16

軸の固定一つとってもいろいろあるんすね。

ここで紹介した2つもボルト止めやからゆるみに注意や！

実務における課題と問題 2-1-5

課題　エア駆動のロータリーアクチュエータでストッパの回転軸を回転させるように設計した。

「これあかんわ！駆動源と
回転軸が直結してるからミ
スアライメントを吸収でき
へんやん！」とロータリー
アクチュエータと軸は軸継
手を介してつなぐように指
摘を受けた。

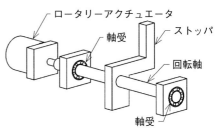

ロータリーアクチュエータ
軸受
ストッパ
回転軸
軸受

問題　ストッパを回転させられればよいため、伝達トルクは小さい。組立が
比較的安価な継手として適切なものはどれか。

解答　　イ　たわみ継手　　　　ロ　固定軸継手
選択欄　ハ　クラッチ　　　　　ニ　流体継手

【解説】

イ　たわみ継手

　　接続する2つの軸に発生するミスアライメントや偏心が大きい場合に使用します。一般的に市販品を使用することが多く、カタログに伝達可能なトルク、偏心、ミスアライメント、慣性モーメントの記載があるため、用途に応じて選定します。

ロ　固定軸継手

　　軸と軸を接続するために使用します。ミスアライメントと偏心は調整できないものの、大きなトルクを伝達するために使用します。部品を取り付けるときに、軸と軸のミスアライメントや偏心の調整が必要です。

ハ　クラッチ

　　2つの軸を任意に接続・切断するために使われます。

ニ　流体継手

　　入力側 (モーター側) と出力側 (ポンプ側) の動力伝達に流体を介して伝えます。

　許容されるミスアライメントが大きくなれば、組立は容易になります。

よって解答はイとなります。

メモメモ　軸の取付誤差について補足します

　軸の取付誤差はミスアライメント（miss-alignment）があり、ミスアライメントには偏心、偏角、すき間誤差の3つがあります。その概要を**表2-1-1**に示します。

表2-1-1 ミスアライメントと偏心

偏心	偏角	すき間誤差
偏心	偏角θ	すき間誤差
2軸に生じる相対的な位置ずれを示します。	2軸に生じる相対的な角度θのことを示します。	2軸の軸端のすき間の誤差を示します。

　たわみ継手の中でも小型であるスリットタイプの例を**図2-1-17**に示します。スリット部がたわむことでミスアライメント、あるいは偏心を許容します。

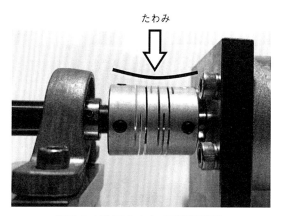

たわみ

図2-1-17 スリットタイプの軸継手

メモメモ　慣性モーメントについて補足します

物体の回転運動における慣性モーメントは物体の直線運動における質量に似ています。

表2-1-2 直線運動と回転運動

物体の直線運動	物体の回転運動
力[N] = 質量(kg)×加速度(m/s^2) <center>$F = ma$</center>	トルク[Nm] = 慣性モーメント(kg・m^2)×角加速度(rad/s^2) <center>$T = J\omega$</center>

同じトルクでも、慣性モーメント（質量）が大きいと回転しにくい、つまり、角加速度が小さくなります。反対に慣性モーメント（質量）が小さいと回転させやすい、つまり角加速度が大きくなります。

慣性モーメントは回転させようとする物体の形状により決まります。

表2-1-3 慣性モーメントの例

円板の慣性モーメント	円柱の慣性モーメント
$I_z = \dfrac{1}{2} MR^2$ $I_x = I_y = \dfrac{1}{4} MR^2$	$I_z = \dfrac{1}{2} MR^2$ $I_x = M \dfrac{3R^2 + H^2}{12}$
楕円の慣性モーメント	球の慣性モーメント
$I_z = \dfrac{1}{4} M(A^2 + B^2)$ $I_x = \dfrac{1}{4} MB^2$ $I_y = \dfrac{1}{4} MA^2$	$I_z = \dfrac{2}{5} MR^2$

Column　流体継手の使用例

流体継手の概念図（断面）を示します。

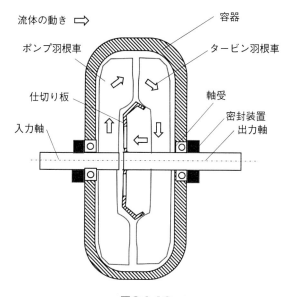

図2-1-18

　容器は、機械油などの流体を充填されており、容器内のポンプ羽根車と入力軸が一体、タービン羽根車と出力軸が一体になっています。ポンプ羽根車が回転すると、流体を介してタービン羽根車が回転します。

　入力側、出力側に衝撃トルク（瞬間的に大きいトルク）が入っても液体がダンパとばねの役割を果たして緩和されます。

　流体の圧力や流量を制御することで伝達トルクと回転数を調節することができ、無段変速機を兼ねたクラッチとして自動車などで利用されていました。

　しかし流体の内部摩擦、温度上昇などによりエネルギー効率はあまりよくありません。

　流体継手の欠点を補った応用として、オイルの整流とエネルギー回収を目的にした羽根車を設置したトルクコンバータがあります。

回転の伝達について学ぼう！

実務における課題と問題 **2-2-1**

> | 課題 | 負荷トルクが大きいときはアクチュエータ側の軸と負荷側の軸との回転伝達にキーを使うんや。」 |
> |---|---|
>
> とアドバイスを受けてキーについて調べたが、いろいろな種類があって使い分けがわからない。
>
> | 問題 | 最も大きなトルクを伝達できるキーは次のうちどれか？ |
> |---|---|
>
> ....
>
> | 解答選択欄 | イ　接線キー | ロ　くらキー |
> |---|---|---|
> | | ハ　半月キー | ニ　平行キー |

【解説】 キーとは穴（ボスと呼ぶ）側と軸側に溝を設けてさまざまな形のブロック（キー）を差し込むことで回転力（トルク）を伝達する機械要素です。

*アクチュエータ（Actuator）：作動させるものという意味。電気で動くモータ、エア圧や油圧で動くシリンダ、ロータリーアクチュエータなど。

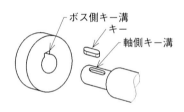

ボス側キー溝
キー
軸側キー溝

図2-2-1

イ：接線キー

　　キー溝を軸の接線方向に作る。勾配1/60～1/200のキーを2個、互いに反対向きに組合わせて溝に打ち込んだもの。 キーの中で最も強固な伝達方法。

ロ：くらキー

　　軸は加工せずにボス側溝を設ける。キーの下面を円弧上に加工して軸との摩擦力で伝達する。主に軽荷重用。

ハ：半月キー

　　半円板形のキーを軸とボスに設けた溝に取り付ける。キーが溝の中で回転方向に動くのでテーパ軸によく用いられる。

　　平行キーに比べてトルクを受ける面積が小さくなるため主に軽荷重用。

ニ：平行キー

　　もっとも汎用的なキー。軸とボスに設けた溝に直方体のキーを取り付ける。主に中荷重用。

　　最も大きなトルクを伝達できるのは最も強固な伝達方法である接線キーです。

よって解答はイになります。

メモメモ　解答選択欄の各キーの形状イメージを補足します

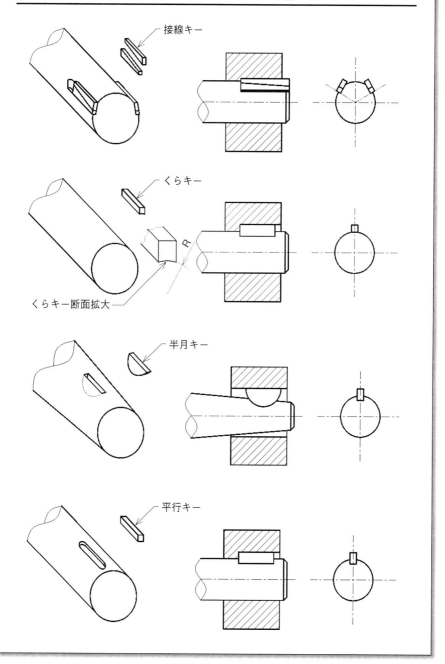

接線キー

くらキー

くらキー断面拡大

半月キー

平行キー

実務における課題と問題 2-2-2

| 課題 | 直角方向に回転力を伝達するため、2本の回転軸を連結して動力を伝達したい。先輩からは「歯車使うんや！歯車くらい知っとるやろ？！」と指摘を受けた。 |

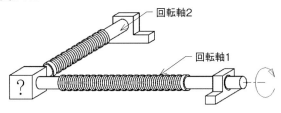

回転軸2

回転軸1

?

| 問題 | 直角方向に回転力を伝達する歯車要素として不適切なものを選べ。 |

| 解答 | イ　ウォームギヤ | ロ　かさ歯車 |
| 選択欄 | ハ　すぐば平歯車 | ニ　ねじ歯車 |

【解説】

イ：ウォームギヤ

　　円柱に歯を切ったウォームと円板の側面にウォームの歯にかみ合う歯を切ったウォームホイールを組み合わせたギヤです。食い違い軸に用いられます。

ロ：かさ歯車

　　直交軸に用いられる歯車です。

ハ：すぐば平歯車

　　もっとも一般的な、まっすぐな歯を持つ円筒形状の歯車です。平行軸に用いられます。

ニ：ねじ歯車

　　はすば歯車を食い違い軸に用いたものです。

　食い違い軸は直角かつ交わらない関係にある軸のことです。直角かつ交わる関係にある軸を直交軸と言います。選択肢にあるもので直角方向に回転を伝達できないものはすぐば平歯車になります。

　よって解答はハになります。

ウォームギヤ	かさ歯車
ウォームとウォームホイールを組合わせて使う。ウォームが入力、ウォームホイールが出力になる。ウォームホイールを回転させてウォームを回転させることはできない。（セルフロックまたは非可逆性と言う。） Aから見て軸Aを時計回りに回転させると、Bから見て軸Bは反時計回りに回転する。	かさ状の歯車を2つ組合わせて直交する軸に使う。振動や騒音を抑制したいときには歯先が曲がった曲がり歯かさ歯車を使う。 Aから見て軸Aを時計回りに回転させると、Bから見て軸Bは反時計回りに回転する。
すぐば平歯車	ねじ歯車
「すぐば」とは歯先がまっすぐになっていることを意味する。 Aから見て軸Aを時計回りに回転させると、Bから見て軸Bは反時計回りに回転する。	まがり歯を持つ円筒歯車を食い違いの位置で組合わせたものを言う。 Aから見て軸Aを時計回りに回転させると、Bから見て軸Bは反時計回りに回転する。

実務における課題と問題 **2-2-3**

課題 直交軸の伝達にかさ歯車を使用すると軸方向の荷重が発生するため、軸受にアンギュラ軸受を使った図面を描いた。
「アンギュラかぁ、アンギュラは高いんや。ちょっと見直して！」と先輩から指摘を受けた。

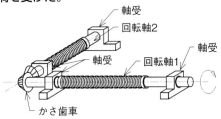

問題 この構造でアンギュラ軸受以外に検討候補となる軸受は次のうちどれか。

解答
選択欄

イ	円筒ころ軸受	ロ	スラスト玉軸受
ハ	深溝玉軸受	ニ	スラストころ軸受

【解説】かさ歯車で回転を伝達すると、図2-2-2に示すように歯車の角度に応じたアキシャル荷重F_Aとラジアル荷重F_Rが発生します。このためアキシャル荷重とラジアル荷重の両方を受けられる軸受を選定する必要があります。

両方を受けられる軸受となるとアンギュラ玉軸受と深溝玉軸受の2つがあります。

ここで先輩からの指摘にもあるように、アンギュラ玉軸受は深溝玉軸受に比べてはるかに高く、数十倍からものによっては数百倍の価格になります。

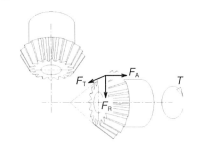

図2-2-2 かさ歯車の荷重

アキシャル荷重がかかるからと安易にアンギュラ玉軸受を選定するのではなく、コストを考慮して深溝玉軸受を検討することも重要なことです。

よって解答はハになります。

メモメモ　アンギュラ玉軸受の組合せについて補足です

　アンギュラ玉軸受は、外輪と内輪に一定の角度（接触角α）を付けることでラジアル方向の荷重と一方向のアキシャル方向の荷重を受けることができるようにしたものです。
　表2-2-1に示すように2個以上組み合わせて使うことで、より大きなアキシャル荷重を支持したり、両方向のアキシャル荷重を支持したりすることができます。

表2-2-1

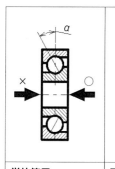	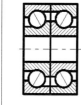	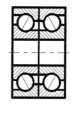	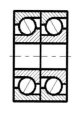
単体使用 図の向きでは左からのアキシャル荷重は受けられない。	**正面組合せ（DF）** 両方向のアキシャル荷重を受けられる。DBに比べてモーメント荷重の負荷能力が小さいが、傾き角の許容が大きい。	**背面組合せ（DB）** 両方向のアキシャル荷重を受けられる。DBに比べてモーメント荷重の負荷能力が大きいが、傾き角の許容が小さい。	**並列組合せ（DT）** 一方向のアキシャル荷重を受けられる。単体使用よりも大きなアキシャル荷重を受けることができる。

使う機械要素で力の向きが変わるんですね！

そこらへんはカタログに書いてあるからようく見てみ!!

Column 強度計算における軸受の固定の考え方（1/2）

　回転軸を設計するとき、軸にかかる負荷から軸受に生じる反力や軸自身のたわみを確認します。**図2-2-3**に示すように軸の両端を軸受で支持し、軸の中心に集中荷重 W を受ける場合を考えます。

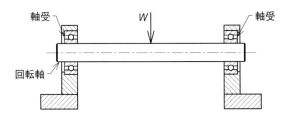

図2-2-3 軸受での両端支持

　ここで両端の支持の考え方として単純支持端と固定支持端があります。単純支持端には反力が、固定支持端には反力と曲げモーメントが発生します。
　では軸受で支持している場合は単純支持、固定支持どちらで検討すべきかを見ていきます。その前にまずは集中荷重 W や等分布荷重 w_0 が作用したときの、単純支持端と固定支持端および自由端の特徴を**表2-2-2**で確認します。

表2-2-2 支持端の特徴

自由端	図の左端。拘束が全くない状態。	支持点においては、 反力R、Nは発生しない。 たわみyが発生する。 たわみ角θが発生する。 モーメントMは発生しない。 せん断力Fは発生しない。
単純指示端	支点周りに回転することができる。	支持点においては、 垂直反力R、水平反力Nが発生する。 たわみyは発生しない。 たわみ角θが発生する。 モーメントMは発生しない。 せん断力Fが発生する。
固定指示端	支点周りに回転も移動もできない。	支持点においては、 垂直反力R、水平反力Nが発生する。 たわみyは発生しない。 たわみ角θは発生しない。 モーメントMが発生する。 せん断力Fが発生する。

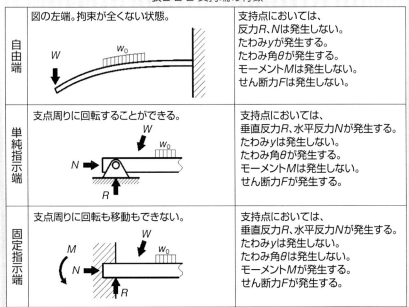

Column 強度計算における軸受の固定の考え方（2/2）

　図2-2-4に示すように、もし軸を片持ちで支持していた場合、軸受には微小なガタがあり傾きます。このガタ分の傾き角度をαとします。

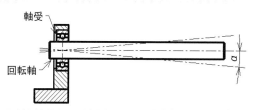

図2-2-4 片持ち支持の場合

実際には図2-2-5に示すように両端を支持しており、中心に集中荷重を受けています。

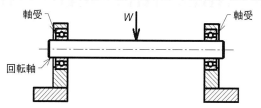

図2-2-5 軸受での両端支持

　このとき、軸受による支持を単純支持端と捉えると図2-2-6に示すようにたわみ角θが発生します。

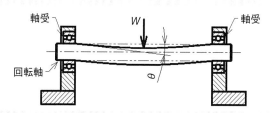

図2-2-6 軸のたわみ

　軸受にある微小なガタαを荷重によるたわみ角θが超えてしまう場合、軸受にモーメントが発生します。つまり固定支持端として考える必要があります。
　一方でθがαよりも小さな場合、モーメントは発生せず、単純支持端として扱います。
$\alpha > \theta$のとき、単純支持端とみなす。
$\alpha < \theta$のとき、固定支持端とみなす。
（参考）中心に集中荷重を受ける場合の支持端におけるたわみ角θと、中心たわみ量yの計算式。

$$\text{たわみ角} \quad \theta = \frac{WL^2}{16EI} \qquad \text{たわみ量} \quad y = \frac{WL^3}{48EI}$$

実務における課題と問題 **2-2-4**

課題	歯車を使った減速機構を設計することになった。上司より「毎回、騒音試験で苦労するから、構想時点から騒音対策に留意して設計しとけよ」と指示を受けた。

問題	低騒音になる歯車を選定しなければいけない。 歯車機構を構想設計する際に、騒音に最も効果が少ないと思われる構造案はどれか？

解答 選択欄	イ	歯筋が軸に対し平行で直線になった種類の歯車の採用を検討する。
	ロ	歯車の材質に樹脂、あるいは鋳鉄の採用を検討する。
	ハ	歯車周辺の構造物の剛性が高くなるよう検討する。
	二	低速回転、低負荷になるように構造を検討する。

【解説】 製品設計において、さまざまな評価項目があります。その中に騒音試験があり、製品評価時点で対策に追われることがよく発生します。ちなみに騒音試験の規定値を下回っていても、生理的に不快な音（キーン音のような高周波音など）の場合、クレームにつながることもよくあります。

イ：歯筋が直線となる平歯車やすぐばかさ歯車より、重なり噛合い率が増えるはすば歯車や曲がりばかさ歯車の方が低騒音化に有効です。他には、ウォームギヤが滑り接触になることから最も低騒音になりますが、入出力軸は食い違いのレイアウトになることと機械効率が一般的な歯車の半分以下（30〜40％程度）になるデメリットがあります。

ロ：低回転で低負荷の場合、金属より柔らかい樹脂材料（ポリアセタールなど）の採用も低騒音に効果があります。金属歯車と樹脂歯車を組み合わせることで、樹脂歯車に生じた摩擦熱を金属歯車に伝えて冷却するという効果もあります。あるいは、振動減衰率が高い鋳鉄を使用することも低騒音化に効果があります。

ハ：歯車の厚みを大きくする、軸の直径を大きくする、ハウジングを肉厚にして剛性を向上することで歯車の噛合いによる振動が共鳴しづらくなるため低騒音化に効果があります。

　あるいは、歯車機構を密閉するよう騒音防止カバーを設けて遮音・吸音させる、歯車箱の取り付け部にゴムブッシュを取り付けることで製品本体への噛合いの振動を遮断する、という手段も選択できます。

ニ：製品仕様上で難しいかもしれませんが、低回転と低負荷であるほど低騒音化が
　　期待できます。

　他にも歯形誤差の修正や歯筋の誤差修正、適切なバックラッシの付与、潤滑油な
ども低騒音に寄与しますが、これらは最終手段であるため構想段階で検討する意味
は少ないと考えます。

よって解答はイになります。

メモメモ　歯筋について補足します

[すぐば（直ぐ歯）]
・軸に対して歯筋が平行、まっすぐになっている歯です。
・比較的低コストです。
・デメリットとして騒音や振動が比較的大きいことが挙げられます。
[はすば（斜歯）]
・軸に対して歯筋が斜めになっている歯です。
・はすば歯車を使用するとアキシャル荷重が発生するため注意が必要です。
・はすば歯車にすることで食い違い軸に使用することもできます。この場合を特別にねじ
　歯車と呼びます。
[まがりば（曲がり歯）]
・軸に対して歯筋がらせん状になっている歯です。
[コスト・強度・アキシャル荷重比較]
すぐば＜はすば＜まがりば
＊すぐば歯車の場合、アキシャル荷重は発生しません。
[騒音・振動比較]
まがりば＜はすば＜すぐば

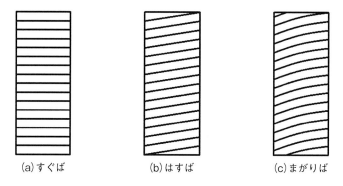

(a)すぐば　　　　　(b)はすば　　　　　(c)まがりば

図2-2-7 歯筋イメージ図

メモメモ　軸の関係と歯車の種類及びよく使用される歯の形状について補足します

[平行軸]
　　平歯車　　　　　　・すぐば歯車
　　　　　　　　　　　・はすば歯車
　　　　　　　　　　　・やまば歯車（ダブルヘリカルギヤ）

　　はすば歯車を2つ向かい合わせで使用することで、アキシャル荷重の発生を押さえたものをやまば歯車と言います。

[直交軸]
　　かさ歯車　　　　　・すぐばかさ歯車
　　　　　　　　　　　・まがりばかさ歯車

　　使用する1対の歯車の歯数比を1：1としたものを特にマイタギア、1：Nとしたものをベベルギアと呼ぶことがあります。

[食い違い軸]
・ウォームギヤ
・ねじ歯車（ねじれ角45°のはすばの平歯車を組合わせたもの）
・ハイポイドギヤ（まばりばかさ歯車を食い違い関係でかみ合わせたもの）

[回転⇒直動変換]
ラック＆ピニオン

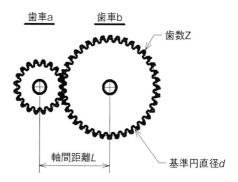

図2-2-8 かみ合う2つの歯車

　軸間距離*L*は、対になる歯車の基準円の半径を足し合わせたものになります。歯車aの基準円直径をd_a、歯車bの基準円直径をd_bとすると軸間距離*L*は次の通りになります。

$$L = d_a/2 + d_b/2$$

　歯車の歯の大きさはモジュールMで表されます。基本的に歯車はこのモジュールが同じでなければかみ合いません。
　モジュールは基準円直径dと歯数Zを用いて次式で定義され、**図2-2-9**に示すようにモジュールが大きいほど1つひとつの歯が太くなります。

$$M = d/Z$$

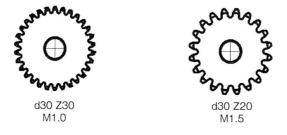

d30 Z30
M1.0

d30 Z20
M1.5

図2-2-9 モジュールの異なる歯車

実務における課題と問題 **2-2-5**

課題	市場で稼働中の製品において、システムが急停止した際に、減速機構の平歯車の歯が破損するというクレームが発生した。 上司より、「強度アップした歯車を現地に持参して交換する必要があるので今日中に対策しろ」と指示があった。
問題	モジュールM1.0、歯数Zは30と60の組合わせである。周辺構造を変更できない前提で、歯車の強度を向上する対策を調べたところ、選択肢のような項目があった。今回の対策として妥当ではないものはどれか？

....

解答
選択欄
　イ　はすば歯車に変更する
　ロ　歯車のモジュールを小さくする
　ハ　歯車の材質を変更する
　ニ　転位して歯元を太くする

【解説】歯の強度には、「曲げ強さ」と「歯面強さ」の2種類があります。曲げ強さは歯の折損に対して、歯面強さは歯面の摩耗や損傷に対して検討すべき項目です。

　今回は歯が折損したという事実から、周辺の構造を極力変えることなく歯の曲げ強さを向上して歯車を交換するという対応策を考える必要があります。

イ：はすば歯車は平歯車に対して、ねじれ角をもつため重なりかみ合い率が向上し、歯の曲げ強さの向上や騒音防止に効果を発揮します。しかしはすば歯車を使用すると、ねじれ角によって中心間距離が変わるため、転位によって中心間距離が変わらないように補正する必要があります。

ロ：歯のモジュールを小さくすると歯が小さくなり歯の曲げ強さが減少します。歯の曲げ強度を上げるにはモジュールを大きくしなければいけません。

ハ：歯車の材質を現状の材質よりも引っ張り強さの大きい材質に変更したり、熱処理を加えるなどしたりすることで歯の曲げ強さが向上します

ニ：転位とは、歯切り工具を歯に近づけたり遠ざけたりすることで標準歯車とは異なる歯形を作ることを言います。一般的に中心間距離の調整や歯形形状を調整するのに用いられます。歯切工具を遠ざけたり、プラス転位を行うことで歯元を太らせたりすることができ、曲げ強さを向上させることができます。

よって解答はロになります。

メモメモ　はすば歯車への変更について補足します

　すぐば歯車の基準円直径dは次式で表され、この基準円直径に依存して2軸の軸間距離が決まります。

$$d = zm \quad z：歯数 \quad m：モジュール$$

　はすば歯車の基準円直径dは次式で表され、ねじれ角βの影響により基準円直径が平歯車と変わるため、軸間距離も変わってしまいます。しかし、転位係数を掛けることによって、既存の軸間距離に合うように調整は可能です。

$$d = \frac{zm}{\cos\beta} \quad z：歯数 \quad m：モジュール \quad \beta：ねじれ角$$

「はすば」ってなんだか変わった名前ですね。

「はす」の「は」つまり「斜めの歯」ということや！意味がわかれば覚えやすいやろ。

メモメモ **モジュールを大きくすることについて補足します**

　問題文にあるモジュールM1.0で歯数Zが30と60の組合わせの場合を**図2-2-10**に示します。歯車Aの基準円直径はφ30、歯車Bのそれはφ60になります。このとき軸間距離Lは45になります。

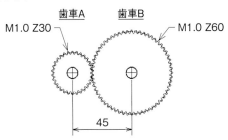

図2-2-10 M1.0、Z30およびZ60の組合せ

　図2-2-11に示すようにモジュールを1.5に変更すると、歯車A、Bはそれぞれ歯数Zが20と40で基準円直径が30と60になります。よって軸間距離は同じ45となります。

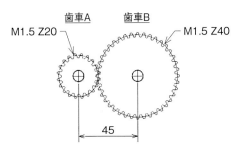

図2-2-11 M1.5、Z20およびZ40の組合せ

　このようにモジュールを大きくすると歯が大きく、モジュールを小さくすると歯が小さくなります。

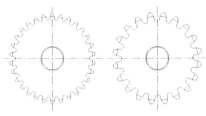

a. M1.0、Z30　　　　b. M1.5、Z20

図2-2-12 M1.0、Z30およびM1.5、Z20の比較

Column 歯数を互いに素にする

　歯車Aの歯数Z_aと歯車Bの歯数Z_bを例えば20と40にした場合を考えます。歯車A、Bそれぞれの歯に通し番号を付けると、かみ合う歯が確定します。例えば**図2-2-13**に示すように、歯車AのNo.1の歯は歯車BのNo.1とNo.21の歯とのみかみ合います。

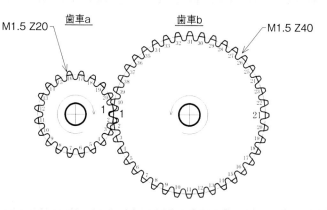

図 2-2-13 M1.5、Z20および Z40のかみ合わせ

　常にかみ合う歯が同じになることを避けたい場合に行われるのが、歯数を互いに素にすることです。例えば**図2-2-14**に示すように歯車aの歯数を21に変更します。これで1回転ごとにかみ合う歯がずれて40回転すれば歯車a、No.1の歯は歯車bのすべての歯とかみ合うことになります。

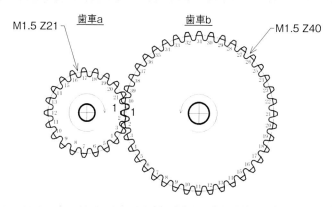

図2-2-14 M1.5、Z21および Z40のかみ合わせ

＊互いに素とは、2つの数字をともに割り切る正の整数が1のみであることを言います。図2-2-13の例では1, 2, 4, 5, 10, 20の数字でそれぞれの数字を割ることができるため、互いに素ではありません。

2章で学んだこと

ステップ１　回転軸とその周辺について学ぼう！
◆回転軸は軸受で支持します。

　軸受の選定にはまず軸受にかかる荷重の種類と大きさを確認しましょう。
◆軸の抜け止めには止め輪、軸と部品の回転力伝達にはキー、軸と部品の
　固定にはボルトなど目的に応じて使い分けましょう。
◆回転軸の組立で生じる多少の偏心などは継手を使って対処しましょう。

ステップ２　回転の伝達について学ぼう！
◆軸のレイアウトによって歯車を使い分けましょう。
◆同じ軸間距離でも歯筋やモジュール、転位係数を検討することで歯の強
　さを設計できます。
◆本書では歯車のみの紹介でしたが、軸間距離が離れている場合はプーリ
　とベルトチェーンとスプロケットなどを使います。

第3章

直線・回転機構を
設計するときの
コツ!コツ!ポイント!

ステップ**1**	直線運動とその周辺について学ぼう!
ステップ**2**	直線運動と回転運動の組合わせについて学ぼう!

実務における課題と問題 **3-1-1**

課題	圧縮ばねを使って指定された静荷重を発生する治具を設計したい。事前に設計部より、「指定する荷重のばらつきが極力小さくなるよう設計して欲しい」と依頼を受けている。

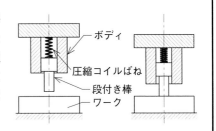

問題	ばねの設計時に必要なパラメータのうち、どのパラメータに注意して設計すべきか?

解答
選択欄

イ　ばね定数をできるだけ大きく設計すべき。

ロ　ばね定数をできるだけ小さく設計すべき。

ハ　縦横比を0.8〜4の範囲内で設計すべき。

ニ　ばね指数を4〜15の範囲内で設計すべき。

【解説】ワークの寸法には必ずばらつきが生じます。そのため、治具を一定の高さに下ろして段付き棒でワークを押さえたとしてもばねの圧縮量(たわみ代)にばらつきが生じます。

　ここで、ばね定数 k はフックの法則から下式で与えられます。

　　　$F = kx$　F:荷重　x:たわみ代

ばね定数が大きいときと小さいときのフックの法則の関係性をグラフ化すると**図 3-1-1**の通りです。

　グラフから、ばね定数が小さい方がたわみ代のばらつきに対し荷重のばらつきが少なくなることがわかります。

よって解答はロになります。

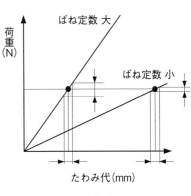

図3-1-1

メモメモ　選択肢に列記されたパラメータの特徴を補足します

ばね定数	ばね定数は1mmばねをたわませるのにどのくらいの荷重を必要とするかの係数である。ばね定数kはフックの法則より下式で与えられる。 $F = kx$　F：荷重　x：たわみ代 右図より、たわみ代にばらつきを生じた場合、ばね定数が小さいほど荷重ばらつきが小さくなることがわかる。
縦横比	圧縮ばねの縦横比は、有効巻き数の確保と胴曲がり（座屈）を考慮するための係数である。縦横比は下式で与えられ有効巻き数の確保と胴曲がりを考慮して、0.8～4の範囲となるよう設計する。 $$\dfrac{Hf}{D}$$　Hf：自由高さ　D：コイル平均径
ばね指数	ばね指数とは、加工の難易度を図る目安となる係数である。ばね指数は下式で与えられる。 $$\dfrac{D}{d}$$　D：コイル平均径　d：素材線径 ばね指数が小さいとばね定数が大きくなり、局部応力が発生し加工が難しくなる。逆にばね指数が大きいとコイル径の精度が悪くなる。品質の安定性を考えて、ばね指数は4～15の範囲となるよう推奨されている。

＊治具の部品のばらつきや組立ばらつきを考慮すると、ばね定数が低いほど発生する静荷重のばらつきは小さくなります。

実務における課題と問題 **3-1-2**

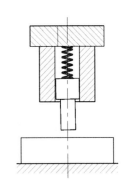

> | 課題 | 圧縮ばねを使って指定された静荷重を発生する治具を設計した。上司からは「すべりが悪いなぁ。もうちょい滑らかにできるやろ？すぐ対策するんやで！」と治具を改造してすべりを良くするように指示された。 |
> | --- | --- |
> | 問題 | 完成した治具のすべりを良くする対策として適切なものはどれか？ |

解答選択欄		
イ	軸に焼き入れを施して硬度を上げた。	
ロ	軸の表面に摩擦係数が小さくなるようなめっき処理をした。	
ハ	ボディと接触する軸の太い部分を短くして接触面積を小さくした。	
ニ	ばね定数が小さなばねに変更した。	

【解説】

イ　炭素を含む金属は焼き入れや焼き戻しなどの熱処理を行うことで、ある程度まで強度や硬さをコントロールできます。ただしこれは耐摩耗性の向上などを目的とし、表面の滑らかさを向上する目的では行われません。

ロ　接触面の材質は摩擦係数に大きな影響があります。材料変更やめっき処理により摩擦係数を小さくすればすべりは改善されます。スペースなどが許されればボディ側にスライドブッシュを配置するのも摩擦改善に有効です。

ハ　接触面積の大小は摩擦による抵抗力に直接は関係ありません。しかし接触長さが短くなると軸の傾きが大きくなり、その結果として抵抗が大きくなってしまいます。

　　すべりを良くするためには接触長さを長くする必要があります。

ニ　ばね定数を変更することでばねによる力が変わりますが、この場合の摩擦には関係ありません。

注）ブッシュ（bush）はブシュと発音されることもあります。

よって解答はロになります。

メモメモ　接触面積と摩擦力について補足します

　図3-1-2に示すように接触する2つの物体に働く摩擦力Fは、2つの物質に働く垂直方向の力Nに材質に依存する摩擦係数μをかけたものになります。
$F = \mu N$

　接触面積が摩擦力に関係ないことはこの式からも明らかです。

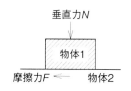

図3-1-2 摩擦の力学

　ところが課題のように軸（丸棒）とボディ（丸穴）のはめあいですべらせる場合、接触面積はすべりの滑らかさには影響しないと一様には言えません。

　図3-1-3に示すように、摺動させる軸とボディの間には基本的に微小なすき間があります。よって軸は微小に傾きます。

　このとき、図3-1-4（a）に示すように接触長さが小さいとこの傾きは大きくなり、図3-1-4（b）に示すように接触長さが大きいとこの傾きは小さくなります。

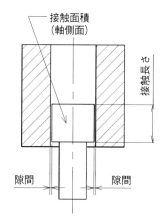

図3-1-3 軸とボディの関係

　傾きが大きくなるほど、摺動時に発生する垂直方向の分力は大きくなり、その影響で摩擦力も大きくなります。あまりにひどいと「こじれ」と呼ばれる、摺動時に引っかかるような動きや、最悪の場合は動かないといった問題が発生します。

　接触長さはなるべく長く、つまり接触面積は大きい方がこの問題は発生しにくくなります。

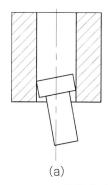

（a）

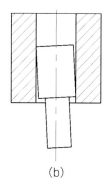

（b）

図3-1-4 接触範囲の長短と傾き

＊接触部にスライドブッシュを使用した場合のブッシュ長さについては「ステップ2　直線運動と回転運動の組合わせについて学ぼう！」を参照ください。

メモメモ　各種の摩擦係数（機械工学便覧α.基礎編より一部抜粋）

鉄と各種純物質との摩擦係数

炭素	0.15
マグネシウム	0.34
アルミニウム	0.82
ケイ素	0.58
チタン	0.59
クロム	0.53
マンガン	0.57
鉄	0.52
銅	0.46
モリブデン	0.47
タングステン	0.47
鉛	0.52

各種非金属材料の摩擦係数

高分子量高密度ポリエチレン	0.06~0.3
充填剤入りナイロンとアセタール	0.15~0.4
充填剤入り強化フェノール積層材	0.1~0.4
充填剤入りPTFE	0.05~0.32
充填剤入りポリイミド	0.15~0.5
カーボングラファイト	0.15~0.4

実務における課題と問題 3-1-3

| 課題 | シリンダの直動動作でワークを押さえ付ける機構を設計する。「ワーク押さえつけるときだけはゆっくり動かすように！」と指示があった。 |

| 問題 | シリンダの動作速度を2段階制御するために不適切なものはどれか。2つ選べ。 |

| 解答
選択欄 | イ　電動シリンダを採用する。 | ロ　エアシリンダを2本使う。 |
| | ハ　スピコンを使用する。 | ニ　3ポジション電磁弁を使う。 |

【解説】

イ　電動シリンダはモータを動力として電気で動くシリンダです。モータにはサーボモータが使用され、多点の位置決めや一定荷重での押し付けなどが可能です。

ロ　エアシリンダを2本直列につなぎ速度をそれぞれ調整することで2段階の制御が可能です。一部のメーカーからは、もともと2本のシリンダを直列につなぎ2段階制御を可能としたものが市販されています。

ハ　スピコン（スピードコントローラー）とは内部に備えた絞り弁を絞ることで流速を調整するための弁です。これ単体では一度決めた流量を動作の途中で変化させることはできません。

ニ　電磁弁とは電気信号で開閉する弁のことです。エアシリンダなどへの空気流入／排気の切り替えを行う目的などで使用されます。3ポジションを使うことで、シリンダ動作の一時停止や全排気をすることができます。しかし基本的に動作の途中で速度を変えるような制御は電磁弁単体ではできません。

よって解答はハとニになります。

メモメモ　スピコンについて補足します。

　スピコンにはメータインとメータアウトの2種類があります。それぞれの内部構成を**図3-1-5**（a）（b）に示します。エアシリンダなどの機器に取り付ける側が2次側です。

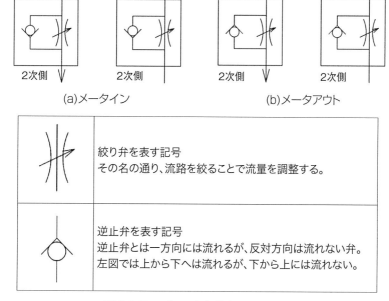

(a)メータイン　　　　　　　(b)メータアウト

絞り弁の記号図	絞り弁を表す記号 その名の通り、流路を絞ることで流量を調整する。
逆止弁の記号図	逆止弁を表す記号 逆止弁とは一方向には流れるが、反対方向は流れない弁。 左図では上から下へは流れるが、下から上には流れない。

図3-1-5 スピコン内部構成とその記号

　スピコンは逆止弁と調整弁で構成されます。メータインとメータアウトの違いは逆止弁の向きです。
　メータインでは1次側から2次側へと空気圧がかかったとき、逆止弁側は流体が通ることができずに絞り弁側のみを流体が通ります。これにより流量が調整されます。（図3-1-5（a）左側）
　排気では2次側から1次側に空気が抜け、このとき逆止弁側も流体が通るため一気に空気が抜けます。（図3-1-5（a）右側）
　メータアウトでは1次側から2次側へと空気圧がかかったとき、逆止弁側も流体が通ることができます。よって流量が調整されることなく一気に空気が流入します。（図3-1-5（b）左側）
　排気では2次側から1次側に空気が抜け、このとき逆止弁側を流体が通ることができないため、絞り弁で流量が調整されます。（図3-1-5（b）右側）

　機器へと給気する空気の流量を調整するのがメータインです。
　機器から排気する空気の流量を調整するのがメータアウトです。

Column スピコンとエアシリンダの組合わせ（1/2）

◆単動式×メータイン

　エアシリンダには大きく分けて単動式と複動式があります。まずは単動式におけるスピコンの組合わせを見ていきます。

　単動式エアシリンダにはポート（空気の出入り口）が1カ所あり、ポートに空気圧をかけたときにロッドが押し出される単動押出式（図3-1-6（a））と、それとは逆にロッドが引き込まれる単動引込式（図3-1-6（b））があります。
　単動押出式（単動引込式）では、空気を排気するとばね力によりロッドが引き込まれ（押し出され）ます。図3-1-6はどちらも空気が排気されてばね力が効いている状態でのイメージ図です。
　単動押出（引込）式は基本的に押し出し（引き込み）用途で使用します。その場合は押し出し（引き込み）側、つまり空気をエアシリンダに給気するときの速度を調整する必要があるため、メータインを使用します。

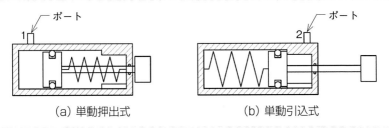

（a）単動押出式　　　　　　　　　（b）単動引込式

図3-1-6 単動式エアシリンダ

Column スピコンとエアシリンダの組合わせ（2/2）

◆複動式×メータアウト

図3-1-7に示すように複動式エアシリンダにはポートが2カ所あり、それぞれのポートへの給気／排気を切り替えてロッドを押出／引込動作させます。

複動式では基本的にメータアウトのスピコンを使用します。もし仮にメータインを使用したらどうなるのか？を考えてみたいと思います。

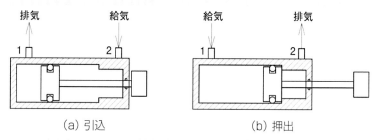

（a）引込 　　　　　　　　　　　　　（b）押出

図3-1-7 複動式エアシリンダ

メータインを使用すると、給気側の流量が絞られます。一方で排気側は一気に空気が抜けていきます。このとき、複動式エアシリンダではいくつかの問題があるのですが、その一例を示します。

図3-1-8に示すように上下方向に使用することを考えます。押し出された状態から引き込みに切り替えたとき、排気側の空気圧が一気に抜けます。これではいくら給気側の流量を絞ったとしても、ロッドは自重で落ちてしまいます。つまり速度制御ができません。

メータアウトではこの現象は起こりません。

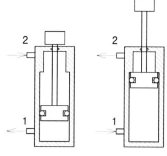

図3-1-8 上下方向の使用

メータアウトで制御すると、動き始めに飛び出し現象が発生することがあるため注意が必要です。対策のためにメータインとメータアウトを組合わせる（2つを直列に接続する）こともあります。

Column 機構を使ったソフトタッチ（1/2）

　問題のようにストロークの両端で速度を落として押さえる対象と接触する（ソフトタッチ）やり方は、解説で見たようにアクチュエータ制御の工夫で可能です。

　アクチュエータとは、電力や空気圧、油圧など何らかのエネルギーの入力を回転や直進などの物理的な運動に変換する機械要素を言います。代表例にシリンダやロータリーアクチュエータ、モータがあります。

　一方で、アクチュエータは一定の速度で動作させ、機構の工夫で接触時はゆっくりとソフトタッチ動作を行うこともできます。

　一例として、トグル機構を応用した例を紹介します。

　次ページに示すように、ハンドルがリンク1～3を介してスライダにつながっています。ハンドルとリンク2の片端は回転自由の固定端になっています。

　ハンドルが垂直方向から105°倒された状態から、15°ずつ時計回りに回転させたときのスライダの移動量を見ていきます。

　105°から90°への変化では移動量は0.87mmです。90°から75°では1.8mmと移動量が増えています。回転角の変化とともに一定の角度に対する移動量も増加しますが、45°近辺で変化が生じます。すなわちそれまでは回転量とともに移動量は増えていましたが、45→30°の変化では、直前の移動量2.9mmに対して2.76mmに移動量が減っています。さらに、30°→15°、15°→ゼロと、進むにつれて移動量が減っています。

　この例では105°とゼロ度を両端とすれば、45°近辺を回転量に対する移動量が最大、つまり移動速度が最大として、両端で移動速度を遅くすることができます。

　トグル機構は倍力機構とも呼ばれ、てこの原理を利用して入力を増幅して、理論上は∞の力を出力する機構です。

　トグル機構に限らず、さまざまな機構をうまく組合わせることで、本例のように端部での移動速度を制御することができます。

Column 機構を使ったソフトタッチ（2/2）

ハンドル
リンク1
スライダ
リンク2
リンク3

105°

45°

2.9

90°

0.87

30°

2.76

75°

1.8

15°

2.16

60°

2.54

1.24

実務における課題と問題 **3-1-4**

> | 課題 | 「これ自動制御やから電磁弁選定しといてよ。」
と複動式エアシリンダの空気圧の流入／排気を切り替えるための電磁弁選定を指示された。 |
> |---|---|
>
> | 問題 | 電磁弁のカタログを見るとポート（空気の出入り口）数が2ポートから5ポートまでのものがあり、どれを使えばよいかわからない。複動式エアシリンダを動作させるために適切なものはどれか。2つ選べ。 |
> |---|---|
>
> | 解答
選択欄 | イ　2ポート | ロ　3ポート |
> |---|---|---|
> | | ハ　4ポート | ニ　5ポート |

【解説】　複動式エアシリンダの動作について確認します。

　図3-1-9（a）に示すようにポート1から排気、ポート2へと給気することでロッドを引き込むことができます。

　図3-1-9（b）に示すようにポート1へと給気、ポート2から排気することでロッドを押し出すことができます。

　このように給気／排気を切り替えることができる電磁弁は、4ポートもしくは5ポートのものになります。

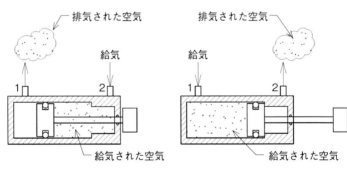

図3-1-9 複動式エアシリンダ

よって解答はハとニになります。

MEMO

メモメモ　ポート（空気の出入り口）数について補足します

ポート数	記号	イメージ図（左側がオン、右側がオフ）
2	2(A) 1(P)	2(A)　2(A) 1(P)
	電磁弁がオフのとき、弁体が流路をふさぐため流体が流れない。電磁弁をオンにすると流路が開く。給気／停止の2つの状態を切り替えるためのもの。	
3	2(A) 1(P)3(R)	2(A)　2(A) 1(P)　3(R)　1(P)　3(R)
	電磁弁がオフのとき2番ポートから3番ポートへと圧縮空気が排気される。いわゆる空気が抜ける状態。電磁弁をオンにすると1番から2番に圧縮空気が供給される。給気／排気を切り替えるためのもの。 主に単動式エアシリンダのようにポート数が1つの機器に使用される。	
4	2(B)4(A) 1(P)3(R)	2(B)　4(A) 2(B)　4(A) 1(P)　3(R) 1(P)　3(R)
	電磁弁がオフのとき、1番から2番に給気、4番から3番に排気される。電磁弁をオンにすると、1番から4番に給気、2番から3番に排気される。 主に複動式エアシリンダのようにポート数が2つの機器に使用される。	
5	2(B)4(A) 3(R)5(R) 1(P)	2(B)　4(A) 2(B)　4(A) 3(R)1(P)　5(R) 3(R)1(P)　5(R)
	電磁弁がオフのとき、1番から2番に給気、4番から5番に排気される。電磁弁をオンにすると、1番から4番に給気、2番から3番に排気される。 主に複動式エアシリンダのようにポート数が2つの機器に使用される。	

メモメモ　記号の見方について補足します

　2ポートシングルソレノイドの記号で確認していきます。

　図3-1-10に示すように、右から順にばね、状態1、状態2、ソレノイドを表しています。配管は1番(P)に1次側からの圧縮空気をつなぎ、2(A)に2次側、エアシリンダなどをつなぎます。

　ソレノイドに通電することで電磁力が働き電磁弁の状態が2になります。つまり1(P)から2(A)に流体が流れます。ソレノイドの電気を遮断すると電磁力が切れてばね力により状態1に戻ります。つまり1(P)側から2(A)側へ流体が流れなくなります。

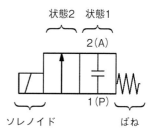

図3-1-10　2ポート電磁弁記号

　このように1つのソレノイドで動作させるタイプのものをシングルソレノイドと言います。2つのソレノイドで切り替え動作するタイプのものをダブルソレノイドと言います。

　ダブルソレノイドの場合、両方のソレノイドを切ると直前の状態を保持します。また、両方のソレノイドに同時通電してしまうと、寿命が短くなったり、故障の原因となったりすることがあるため注意が必要です。

　また、図3-1-10では通電していないとき（通常時）は電磁弁が閉じています。このようなタイプをNC（Normal Close）と言います。状態1と2を入れ替えたNO（Normal Open）タイプもあります。

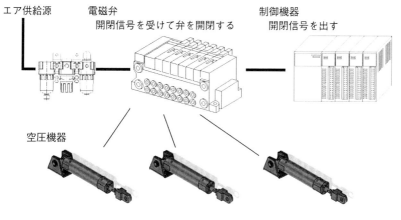

図3-1-11　空圧機器の自動制御構成イメージ

実務における課題と問題 **3-1-5**

課題	シリンダの直動動作（Ｘ方向）をリンクを介して開閉チャックの動作（Ｙ方向）に変換する機構を設計した。 「これホンマに動くんか？」と質問を受けた。
問題	直動動作を直交する方向の開閉に変換する機構の動作条件に関係ない要素はどれか？

解答 選択欄	イ　シリンダ推力	ロ　シリンダストローク
	ハ　直動ガイドの摩擦抵抗	ニ　リンクの角度

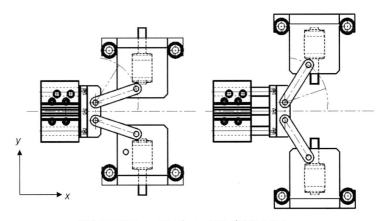

y

x

構成の詳細については次ページをご確認ください。

【**解説**】 シリンダの推す力がリンク角度に沿って*x*方向に推す力と*y*方向に推す力に分かれます。このとき*y*方向に推す力が直動ガイドの摩擦による抵抗力よりも小さければチャックを推すことができません。

　シリンダストロークはチャック開閉ストロークと関係しますが、シリンダの推す力とチャックの摩擦による抵抗力の関係に直接は関係しません。

　よって解答はロになります。

メモメモ　問題の構成について補足します

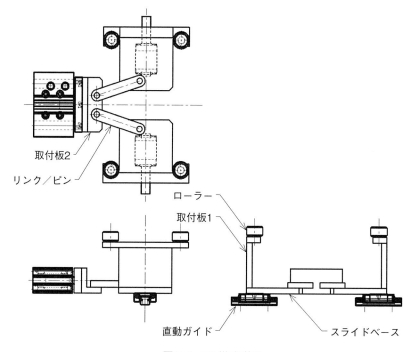

取付板2

リンク／ピン

ローラー

取付板1

直動ガイド

スライドベース

図3-1-12 構成詳細

　図3-1-12に示すように、直動ガイドにはスライドベースが固定されています。取付板1を介してチャック部となるローラーが締結されています。
　一方でスライドベースはシリンダ側の取付板2とピンで結合のリンクを介して固定されています。リンク両端はピン結合のため回転方向が自由となっています。
　シリンダが動作をすると、リンクの両端は回転自由のため、シリンダ動作と直交する直動ガイドに従って開閉動作をします。

メモメモ　力関係の算出について補足します（1/2）

　リンク周りの力関係を**図3-1-13**のように簡素化して考えます。シリンダからリンクへの水平方向xへの力をF、リンクからスライダーベースへ垂直方向yへの力をF_y、リンクと水平方向のなす角をθとします。

　いま**図3-1-14**に示すように、シリンダからの力Fのリンクに沿う方向の分力をF_1、リンクに直角方向の分力をF_2とします。このときリンクがスライダベースを押す力はF_1の垂直分力F_yとなります。

　シリンダからの力Fとスライダベースを押す力F_yの関係を整理します。

（1）Fの分力
$$F_1 = F\cos\theta \quad\text{……………………}①$$
$$F_2 = F\sin\theta \quad\text{……………………}②$$

（2）F_1の分力
$$F_x = F_1\cos\theta \quad\text{…………………}③$$
$$F_y = F_1\sin\theta \quad\text{…………………}④$$

（3）上記から得られる関係
$$F_x = F\cos^2\theta \quad\text{…………………}⑤$$
$$F_y = F\cos\theta\sin\theta \quad\text{………………}⑥$$

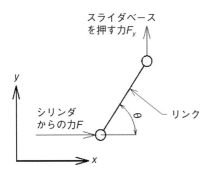

図3-1-13 構造の簡素化

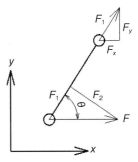

図3-1-14 力の関係

$F=1$としてθを変化させたときのF_xおよびF_yの変化を**図3-1-15**に示します。スライダベースを垂直方向に押す力F_yは45度で最大となり0度、90度ではゼロになることがわかります。

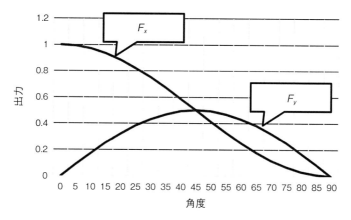

図3-1-15 角度と力の関係1

図3-1-16に示すように、

0度の場合、 $F=F_1=F_x$ かつ $F_2=0$ よって $F_x=1$、$F_y=0$となります。
90度の場合、 $F_1=0$ よって $F_x=0$、$F_y=0$となります。

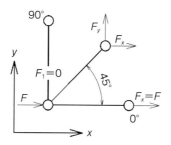

図3-1-16 角度と力の関係2

実務における課題と問題 **3-1-6**

課題	シリンダの直動動作をカムを介して開閉チャックの動作に変換する機構を設計した。「これ動かへんで？」と指摘を受けた。

問題	開閉動作をさせるために欠けている要素はどれか？

解答選択欄	イ　ピン結合	ロ　直動ガイド
	ハ　ばね	ニ　ローラフォロア

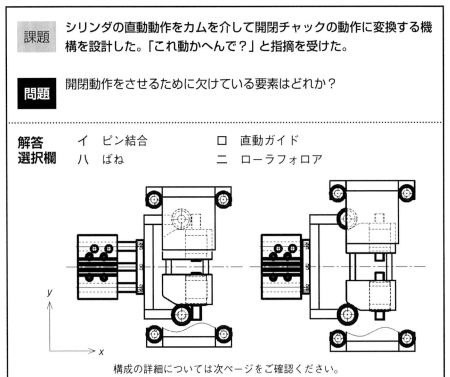

構成の詳細については次ページをご確認ください。

【解説】図の構造は直動ガイドに板カムを固定して、この板カムをシリンダに付けたローラフォロアが押すことでチャックが閉じます。

　シリンダが引っ込むと板カムがばねに押されてチャックが開きます。しかし問題の図にはばねがないため、チャックを開くことができません。

　なお、このとき使用するばねは圧縮されると反発する、圧縮コイルばねになります。逆に引張られると反発するばねを引張りコイルばねと言います。ピン結合とは回転方向に自由度を持つ結合方法のことで、リンクの固定などがこれに該当します。

　シリンダが押し出されたときにカムフォロワが板カムを押し付けてチャックが閉じます。シリンダが引き込まれたときに板カム同士が圧縮コイルばねで接続されていれば、ばね力でチャックが開きますが、問題の図の場合、ばねがないため開くことができません。

　よって解答はハになります。

メモメモ　問題の構成について補足します

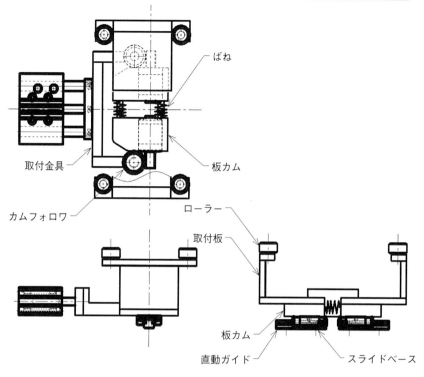

ばね
板カム
取付金具
カムフォロワ
ローラー
取付板
板カム
直動ガイド
スライドベース

図3-1-17 構成詳細

　図3-1-17に示すように直動ガイドには板カムが固定されていて、板カム圧縮コイルばね
で連結されています。一方、シリンダには取付金具を介してカムフォロワが固定されてい
ます。シリンダが押し出されたとき、カムフォロワにより板カムが押し付けられてチャッ
クが閉じます。
　シリンダが引き込まれたとき、板カムはばねにより押し広げられてチャックは開きます。

　板に溝を設けた確動カムを使用し、ばねを使うことなく戻り動作をさせる方法（**図3-1-
18**）もあります。

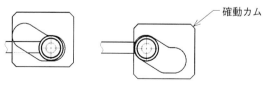

確動カム

図3-1-18 確動カムのイメージ図

メモメモ　ばね力の合成について補足します

　ばねの力はばね定数kと伸び量（あるいは縮量）xとの積で決まります（フックの法則）。前ページに出てきたようにばねを複数使用した場合は、使用しているばねの合成ばね定数を求める必要があります。
　まず、2本使うパターンは並列、直列、挟み込み、の3パターンがあり、それぞれの合成ばね定数は**図3-1-19**の通りです。

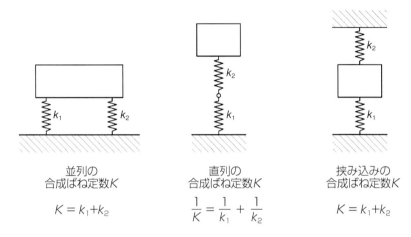

並列の
合成ばね定数K

$$K = k_1 + k_2$$

直列の
合成ばね定数K

$$\frac{1}{K} = \frac{1}{k_1} + \frac{1}{k_2}$$

挟み込みの
合成ばね定数K

$$K = k_1 + k_2$$

図3-1-19

　3本以上のばねを使用する際は、2本のパターンを組合わせて合成ばね定数を算出します。**図3-1-20**に示すような、並列と直列を組合わせた3本の場合を考えます。

　まずは並列でつながれたk_1とk_2の合成ばね定数K'を求めます。

$$K' = k_1 + k_2$$

　次にこのK'とk_3が直列で接続されていると捉えて、その合成ばね定数Kを求めます。

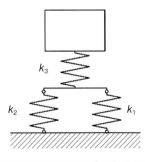

図3-1-20　3本のばね合成定数

$$\frac{1}{K} = \frac{1}{K'} + \frac{1}{k_3}$$

$$\therefore K = \frac{K'k_3}{K+K'} = \frac{(k_1+k_2)k_3}{k_1+k_2+k_3}$$

Column　リンクとカムの違い

　ここで出てきたリンクを使った設計と板カムを使った設計とは、チャックを開閉するという動作自体に違いはありません。しかし何らかの理由で空気が抜けたときの動作に違いが出ます。

　チャックの重量が十分に軽い場合、リンク式は開閉ともに人力で動かせます。

　一方でカム式の場合、**図3-1-21**(a)、(b)に示すように開→閉動作をするためには、ばねより強い力を加えると動作可能ですが、手を離すとばね力によりチャックは再び開きます。

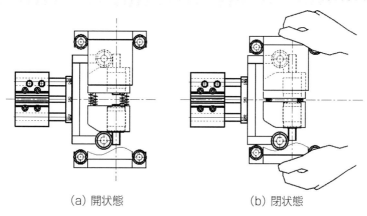

（a）開状態　　　　　　　　　（b）閉状態

図3-1-21 カム式の手動で開閉作

　カム式で閉→開動作をしようとしても、**図3-1-22**(a)の場合、ローラフォロアは板カムと垂直に当たっているため開くことはできません。

　仮に**図3-1-22**(b)のように閉じた状態でも板カムとの接触に角度が付くようにすれば、空気が抜けた場合の動作がまた変わり、この場合はばね力によりチャックが開きます。

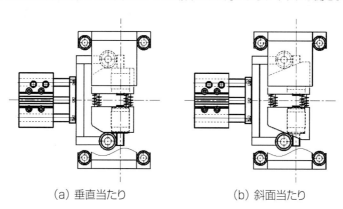

（a）垂直当たり　　　　　　　（b）斜面当たり

図3-1-22 カム式の手動で開閉作

実務における課題と問題 **3-2-1**

課題	ハンドルを回してワークを押さえる治具を設計する。「まっすぐ押さえつけるように。変な方向に力かからないようにな！」と設計前に注意点された。

問題	まっすぐに押さえつけるために利用する機構や要素として不適切なものはどれか。

解答選択欄	イ　スライダ・クランク	ロ　平行リンク
	ハ　ねじ	ニ　ラック・ピニオン

【解説】

イ　スライダ・クランク機構とはリンク機構の1つです。原動リンクを動かすと、スライダが直線運動を行います。

ロ　平行リンクとはリンク機構の1つです。対向するリンクの長さが等しい4つのリンクで構成される機構で、4節リンク機構とも言われます。原動リンクを揺動させると、対向するリンクが平行を保ったまま揺動します。円弧運動→円弧運動となるため、単体ではまっすぐ押さえ付けるような機構にはなりません。

ハ　回転運動を直線運動に変換する最も代表的な要素です。ねじ1回転で進む直線距離のことをリードと呼びます。

ニ　ラック・ピニオンとは歯車の1つです。回転運動を直線運動に変換するための歯車です。

　回転を直線に変換する要素としては他にチェーンとスプロケット、プーリとベルトなどがあります。

よって解答はロになります。

Column　ねじの種類

◆三角ねじ

ねじ山が三角形の形をしたねじです。主に締結用に使用されます。三角ねじにはメートルねじ、ユニファイねじ、管用ねじなどがあります。

当然ですが、種類が異なればかみ合いません。例えばユニファイの3/8サイズは外径が9.527㎜であり、メートルねじのM10（外形10mm）と見た目では区別がつかないため注意が必要です。

◆台形ねじ

ねじ山が台形の形をしたねじです。主に工作機械などの送りねじとして使用されます。

◆角ねじ

ねじ山が四角形（角度が90度）のねじです。摩擦力が小さい一方で大きな伝達力を持つため、万力などに使用されます。

◆ボールねじ

おねじとめねじの間にボールを入れたねじです。ボールがあることで摩擦力とバックラッシ（隙間、ガタ）が小さいため、精密な位置出しが可能です。

メモメモ　各機構について補足します（1/2）

◆スライダ・クランク機構

　図3-2-1に示すように、2つのリンクと1つのスライダからなる機構です。リンクの両端はピン結合で回転自由です。

　このときリンク1を原動リンクとして回転、あるいは揺動運動させるとリンク2を介してスライダが直動します。

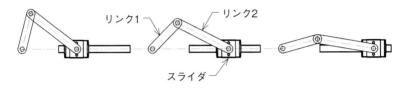

図3-2-1 スライダ・クランク機構

◆平行リンク

　図3-2-2に示すように、対向するリンクの長さが等しい4つのリンクで構成される機構です。図の場合リンク1と3、2と4が等しい長さです。いまリンク4を固定し、リンク1を揺動させます。このときリンク1と3、2と4は平行を保ったまま追従し、その動きは円弧軌跡となります。

図3-2-2 平行リンク

メモメモ　各機構について補足します（2/2）

◆ねじ

　ねじを回転させることでナットを直線運動させます。ナットがねじと一緒に回ってしまっては直線運動しないため、**図3-2-3**に示すようにガイドを設けます。

　直線運動を得るためによく使用されるねじに、ボールねじと台形ねじがあります。ボールねじは回転⇔直線の両方向の変換が可能ですが、台形ねじは回転→直線の変換のみでその逆は不可です。

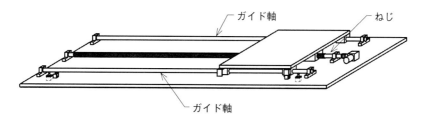

図3-2-3 スライダ・クランク機構

◆ラック・ピニオン

　図3-2-4に示すように板状または棒状の歯車（ラック）と小径の円筒歯車（ピニオン）をかみ合わせたものです。ピニオンを回転させるとラックは直線運動します。

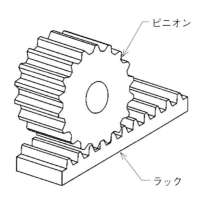

図3-2-4 ラック・ピニオン

実務における課題と問題 **3-2-2**

課題	手回しの昇降治具を設計することになった。先輩からは「ガイドが弱いとこじれて上がらへんからな。」とアドバイスを受けた。

＊こじれ：ガイド軸とリニアブッシュの選定が悪いと昇降時に引っかかりが生じて、最悪の場合は動かない現象。

問題	こじれ対策として不適切なものは次のうちどれか。

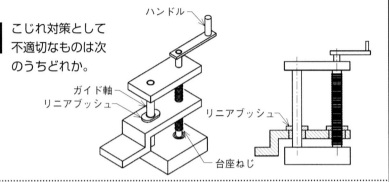

解答選択欄	イ	ガイド軸と台形ねじの距離を短くした。
	ロ	ガイド軸の太さを細くした。
	ハ	ブッシュ長さを長くした。
	ニ	台形ねじの呼び径を大きなものにした。

【解説】

L ：ガイド軸と台形ねじの距離

D ：ガイド軸の直径

L_b ：ブッシュ長さ

μ ：ブッシュの摩擦抵抗

こじれないための条件は次式で表すことができます。(＊メモメモ参照)

$$L_b > 2\mu\left(L + \frac{1}{2}D\right)$$

　本式からブッシュ長さL_bを長く、ガイド軸の直径Dを可能な限り細く、軸とねじの距離Lを短くするほど良い条件であることがわかります。一方で台形ねじの呼び径はこじれの条件に関係ないことがわかります。

よって解答は二になります。

メモメモ　こじれの条件について補足します

　私は若手の頃にこじれで失敗をしたことがあります。自分で設計して組立てた手回し昇降テーブル。いくら力を入れてもテーブルが昇降しませんでした。ブッシュの選定が悪い、ということになり慌ててブッシュを2つ取り付けてブッシュ長さを長くするように改造しました。

　このとき、ブッシュの選定をいろいろと調べたのですが出てきた答えは「ブッシュの長さL_bと軸の径Dの比L_b/Dをなるべく大きく取る」というあいまいなものでした。

　そこでブッシュ周りに生じる力の関係を整理したところ、解説にあるこじれの関係式を得ました。以下にその計算過程を示します。

　図3-2-5のように推力Fが与えられたとき、ガイド軸に対してブッシュは必ず微小な傾きが生じます。この傾きをθとし、A点におけるガイド軸からの反力をR_a、B点におけるそれをR_bとします。

　また、ブッシュの長さをL_b、A点とB点の垂直方向の距離をx、軸中心から推力の作用線までの距離をLとします。

図3-2-5　ガイド軸とブッシュ

　このとき**図3-2-6**に示すように、推力Fのブッシュ滑り方向への分力は$F\cos\theta$、滑りと直交方向への分力は$F\sin\theta$となります。

・ブッシュの滑り方向の力関係（μ：摩擦係数）
$F\cos\theta > \mu\,(R_a + R_b)\quad\cdots\text{①}$

・滑りと直交方向の力関係
$F\sin\theta > R_b - R_a\quad\cdots\text{②}$

・A点周りのモーメント
$M_a = L\times F\times\cos\theta + D\times\mu\times R_b - x\times R_b$

・B点周りのモーメント
$M_b = (L+D)\times F\times\cos\theta - D\times\mu\times R_a - x\times R_a$

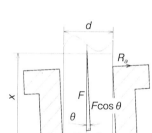

図3-2-6　推力 Fの分力

　θが十分に小さいとき、$\cos\theta \fallingdotseq 1$、$\sin\theta \fallingdotseq 0$、$x \fallingdotseq Lb$
　$M_a + M_b = 0$（モーメントの釣り合い）、①②式から次の関係を得ることができます。

$$L_b > 2\mu\left(L + \frac{1}{2}D\right)$$

実務における課題と問題 **3-2-3**

| 課題 | ワークを押さえて固定してから、スタンプを押す治具を設計する。「駆動源は2つも配置するコストもスペースもないから、1つで設計するんやで！」と指摘された。 |

| 問題 | クランプで押さえてからスタンプを押すという2つの動作を1つの駆動源で実現させる機構として不適切なものはどれか。 |

解答 選択欄	イ　カムを使う	ロ　ばねを使う
	ハ　差動ねじを使う	ニ　クラッチを使う

【解説】

イ　カムを使う

　形状の異なる2つの板カムを1つの軸に固定して駆動することで2つの出力軸の動作タイミングを制御できます。

ロ　ばねを使う

　クランプとスタンプとを1つの駆動源で駆動させ、クランプがワークを押さえたらばねを働かせて停止し、そのままスタンプを押す動作をさせることができます。

ハ　差動ねじを使う

　リードの異なるねじを組合わせて回転させると、2つの異なる移動速度のストロークを得ることができます。ただし、ねじリードの組合せで移動量が決まるため、差動ねじ単体では問題のようにワークを押さえた状態（クランプを定位置でとめたまま）でスタンプするという動作はできません。ばねやクラッチを使って逃がし機構を付け加える必要があります。

ニ　クラッチを使う

　クラッチとは駆動軸と従動軸との接続自体をオン／オフする機械要素です。クラッチの一種には一定のトルクがかかると接続を切る、トルクリミッターがあります。クランプ側にこのような要素を使用することで、クランプがワークを押さえて負荷がかかった時点で接続を切り、スタンプ側だけを稼動させ続けることができます。

よって解答はハになります。

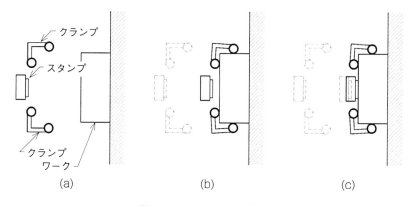

(a)　　　　　　　　　　(b)　　　　　　　　　　(c)

図3-2-7 クランプとスタンプ

　図3-2-7(a)に示すようにワークを押さえるためのクランプとスタンプがあります。クランプとスタンプが直線移動して(b)のようにまずはクランプがワークと接触します。
　その状態からクランプは停止し、スタンプはさらに直進移動して(c)に示すようにワークと接触します。

　例えばシリンダを2本使い、クランプとスタンプを別々に駆動させれば簡単に実現できます。しかし課題にあるように、コストやスペース上の問題から、シリンダを2本使うことができないこともあります。その場合は1つの駆動源で2つのアクションを実現させる必要があります。

メモメモ　カムを使った2アクションについて補足します

　図3-2-8に2つの形状の異なるカムを回転させたときの出力を示します。カム1とカム2を1本の軸に固定して回転させます。回転角度が30°ではカム1、2ともに出力軸はまだ動きません。60°になるとカム1の出力が動き始め、90°でカム1はストロークエンドになり、150°、180°と回転が進んでもその位置は変わりません。

　一方、カム2は、カム1がストロークエンドとなった90°で動き始めて、120°でストロークエンドになります。150°、180°と回転が進むと出力軸は戻ります。

　このように異なるカムを1本の軸で回転させることで、さまざまな出力を得ることができます。

カム1	カム2	角度
		0°
		30°
		60°
		90°
		120°
		150°
		180°

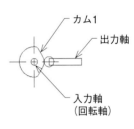

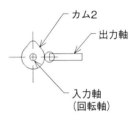

図3-2-8 2つのカム動作

メモメモ　差動ねじの動作について補足します

　1本の軸に異なるリードのねじを切ります。**図3-2-9**に示すようにリード2.0とリード1.5のねじを切った場合、**図3-2-10**に示すように軸をA方向から見て時計回りに回転させるとナット1は*x*方向に1.5mm、ナット2は2.0mm移動します。ナット1と2の間はその差分、2.0－1.5＝0.5mmだけ距離が拡がることになります。

　差動ねじでは異なる出力2つを得ることができますが、その構造上、片側を停止させた状態（クランプ）でもう片方を動かす（スタンプ）ことはできません。

　差動ねじを応用した代表的な製品にマイクロメーターがあります。リード差が小さくなるほど微細な動作が可能になることを応用しています。

補足1：メートル並目、1条ねじの場合、M16がリード2.0、M10がリード1.5になります。

補足2：リードとはねじを1回転させたときにナットが進む距離のことを言います。似た用語としてピッチがありますが、これは隣り合うねじ山の間隔になります。
　　　　1条の場合はリードとピッチは同じになりますが、2条ねじの場合は1回転させると2ピッチ分動きます。
　　　　条数を*n*、ピッチを*P*、リードを*L*とすると
　　　　$L = nP$ となり、2条ねじの場合は $L = 2P$ となります。

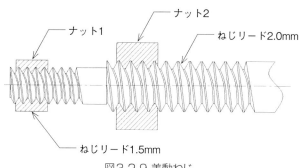

図3-2-9　差動ねじ

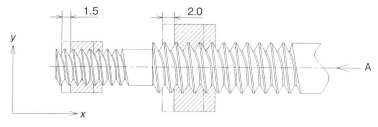

図3-2-10　差動ねじの移動量

メモメモ　ばねを使った2アクションについて補足します

　図3-2-11に示すように、クランプがば
ねとガイド軸を介してアームに固定され
ています。これとは独立してスタンプが
リニアガイドに固定されています。さら
にアームの先にはスタンプを駆動させる
ためにカムフォロアが付いています。

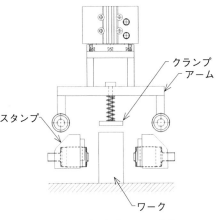

　シリンダが押し出されると、まず**図
3-2-12**(a)のようにクランプがワークに
接触します。
　さらにシリンダが押し出されると(b)
のようにばねが縮み、ガイド軸が飛び出
してきます。そしてカムフォロワに押し
込まれてスタンプが駆動します。
　シリンダがストロークエンドまでくる
とスタンプが両サイドからワークに接触
します。

図3-2-11 ばねを使った 2動作

　このようにいくつかの要素を組み合わせることで、1つの駆動源で複数の動きを実現さ
せることができます。

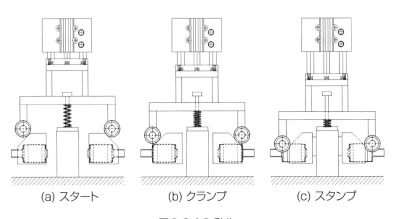

(a) スタート　　　　　(b) クランプ　　　　　(c) スタンプ

図3-2-12 動作

Column　イコライザを使おう！

　この問題のようにL形のクランプでワークを固定するとき、ワークの寸法は必ずばらつきます。**図3-2-13**(a)に示すようにワークが小さかった場合、y方向に隙間ができてしまいクランプ（＝固定）できていません。また図3-2-13(b)に示すようにワークが大きかった場合、クランプとワークが干渉してしまいます。

　このようなときは**図3-2-14**に示すようにクランプをピン結合で固定して、回転自由にします。そうすることで図3-2-14(a)のように小さなワークがきたときは、フォロワ1が当たってさらに押し込まれるとピンを中心にフォロワ2が閉じる方向に回転してくれます。図3-2-14(b)のようにフォロワ2がワークに先に接触したときに、ピンを中心にフォロワ2が開くように回転してくれます。

　このようにピン結合で調整されるようにしたものをイコライザと呼びます。

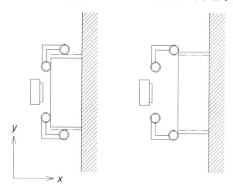

(a) 小さいワーク　　　　(b) 大きいワーク

図3-2-13 クランプの干渉

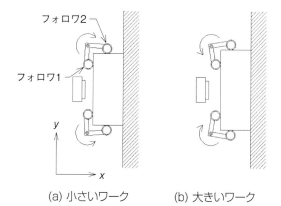

(a) 小さいワーク　　　　(b) 大きいワーク

図3-2-14 イコラザ

3章で学んだこと

ステップ１　直線運動とその周辺について学ぼう！

◆ばねの力はフックの法則$F = kx$にしたがいます。

◆摩擦力が大きすぎる直動ガイドはトラブルの源です。

◆単動シリンダは3ポート電磁弁。
　複動シリンダは5ポート電磁弁。
　と組合わせることが基本です。

◆エアや油圧のアクチュエータは基本的には動作中に速度や推力を変化させることはできません。リンクやカムを上手く使えば動作中の速度や推力を変化させることができます。

ステップ２　直線運動と回転運動の組合わせについて学ぼう！

◆回転→直線の変換はこじれないように摩擦はなるべく小さく、摺動長さはなるべく長くなるように設計しましょう。

◆複数のカムを使えば1本の回転軸で複数の動作が可能です。

第4章

周辺構造を
設計するときの
コツ!コツ!ポイント!

ステップ1	配管・配線について学ぼう!
ステップ2	構造(筐体)について学ぼう!

配管・配線について学ぼう！

実務における課題と問題 **4-1-1**

課題	配管の更新を行うことになった。「一分（いちぶ）のニップル用意しとけよ」と先輩から指示があった。

問題 配管用鋼管に使用する一分のニップルとして正しいサイズのものは次のうちどれか。

解答選択欄	イ 1Bニップル	ロ 25Aニップル
	ハ 6Aニップル	ニ 6Bニップル

【解説】 配管サイズはAサイズ表記とBサイズ表記（どちらもサイズは同じ）がありますが俗に「なんぶ」と呼ばれることがあります。1Bを基準に1/8 Bが「いちぶ」、1/4 B（2/8）が「にぶ」、3/8が「さんぶ」・・・となります。対応表を記します。

表4-1-1 SGP(配管用炭素鋼鋼管)サイズ対応表

A表記	B表記	俗称	外径(mm)	板厚(mm)
6	1/8	一分(いちぶ)	10.5	2.0
8	1/4	二分(にぶ)	13.8	2.3
10	3/8	三分(さんぶ)	17.3	2.3
15	1/2	四分(よんぶ)	21.7	2.8
20	3/4	六分(ろくぶ)	27.2	2.8
25	1	インチ	34.0	3.2
32	1・1/4	インチ二分	42.7	3.5
40	1・1/2	インチ半	48.6	3.5
50	2	2インチ	60.5	3.8
65	2・1/2	2インチ半	76.3	4.2
80	3	3インチ	89.1	4.2
90	3・1/2	3インチ半	101.6	4.2
100	4	4インチ	114.3	4.5

一分のサイズは外形が10.5mm、対応するサイズ表記は6Aもしくは1/8Bです。

よって解答はハになります。

メモメモ　ガス配管の種類について補足します

　問題解説で挙げた配管の板厚はJIS G 3452「配管用炭素鋼管」（SGP）の板厚になります。

　圧力用の配管にはJIS G 3454「圧力配管用炭素鋼鋼管」（STPG）を用います。STPGは俗にスケジュール管と呼ばれます。スケヨン（Sch40）やスケハチ（Sch80）といった呼び方がされます。スケジュール管のサイズは**表4-1-2**のとおりです。

表4-1-2 圧力配管用鋼管サイズ対応表

呼び径		外径	スケジュールの呼び		
			Sch40	Sch60	Sc80
A表記	B表記	(mm)	厚さ (mm)	厚さ (mm)	厚さ (mm)
6	1/8	10.5		2.2	2.4
8	1/4	13.8		2.4	3
10	3/8	17.3		2.8	3.2
15	1/2	21.7		3.2	3.7
20	3/4	27.2	2.9	3.4	3.9
25	1	34.0	3.4	3.9	4.5
32	1・1/4	42.7	3.6	4.5	4.9
40	1・1/2	48.6	3.7	4.5	5.1
50	2	60.5	3.9	4.9	5.5
65	2・1/2	76.3	5.2	6	7
80	3	89.1	5.5	6.6	7.6
90	3・1/2	101.6	5.7	7	8.1
100	4	114.3	6	7.1	8.6

　この表では省略していますが、SGPよりも厚さの薄いスケジュール管もあります。ではここで圧力配管用鋼管がどれだけの圧力に耐えられるのかを確認しておきます。

　円筒に内圧がかかった場合の強度を求める、バーロウ（Barlow）の式によると、板厚と内圧には次の関係があります。

$t = DP / 2\sigma_a$

t	：板厚	(mm)
D	：外径	(mm)
P	：使用圧力	(MPs)
σ_a	：許容引張強度	(N/mm^2)

スケジュール呼びより使用圧力を求める場合は次式になります。

　　　$P = $ ［スケジュール番号］ $/ 1,000 \times \sigma_a \times 1 /$ ［安全率］

例えばSTPG370　Sch60管で安全率を5としたときの使用圧力は次の通りです。

　　　$P = 60 / 1,000 \times 370 \times 1 / 5 = 4.44$（MPa）

実務における課題と問題 4-1-2

| 課題 | 設備の配管はヨンブで統一しといてな！と指示があった。一次側のエア供給配管はロクブ（3/4）のため、ヨンブ（1/2）に変換する必要がある。配管の継手を調べたところ、いろいろな種類があった。 |

| 問題 | 選択欄の中で径を変更するための継手として、選択肢の中で最も適切なものはどれか？ |

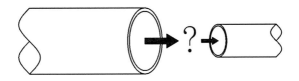

解答　　　イ　ニップル　　　　　　ロ　チーズ
選択欄　　ハ　ブッシング　　　　　ニ　ソケット

イ　ニップル

　　短い配管の両端におねじが切られた継手。基本的に同径管の接続に使用される。

ロ　チーズ

　　3方向に分かれたＴ形の継手。同径配管を3方向接続するのに使用される。

ハ　ブッシング

　　おねじと径の異なるめねじが切られた継手。異径配管の接続に使用される。

ニ　ソケット

　　同径のめねじが両側にきられた継手。同径配管の接続に使用される。

【解説】異なる径を接続するための「異径ニップル」や「異径ソケット」「異径チーズ」もありますが、「ニップル」「ソケット」「チーズ」と言うと、通常は同径配管の継手になります。

　よって解答はハになります。

メモメモ　配管接続そのものについて補足します

　継手そのものには同径や異径、3方向などを接続するものがあります。ここで接続そのものの方法を確認しておきます。

◆管用ねじ（くだようねじ）

　配管端部におねじとめねじを切ってねじ込みます。シール性（密封性）を得るためにシール材を塗布したり、シールテープを巻き付けたりします。

◆フランジ継手

　配管端部につけた板あるいは板状の出っ張りのことです。板と板の間にパッキンをはさみ板同士をボルトで締結することでシール性を得ます。配管とフランジの接続はねじ込み式、溶接式があります。

　流体の圧力に応じてJISに規格があります。

◆溶接継手

　配管同士を溶接で接合します。内部に流体を通すことを目的とする配管の場合、シール性を得るために全周溶接を行う必要があります。

◆食い込み継手

　ボディ、スリーブ、ナットなどの部品で構成され、ナットを締めつけることでスリーブを配管に食い込ませてシール性を得ます。

◆ヘルール継手

　フランジ継手の一種です。ボルトでの固定ではなく専用のクランプを使って固定します。

　ヘルール継手ではJISにあるSGP配管（8A、10A、15A・・・）とはサイズが全く異なる、ISO規格（1.0S、1.5S、2.0s・・・）がよく使われるため注意が必要です。

実務における課題と問題 **4-1-3**

課題	「ここの配管の繋ぎこみはニップル使ってねじこめばいいからな」と ねじ継手を採用して、配管をねじ切りするように指示があった。
問題	管用のねじを調べたところ、いくつか種類があった。組合わせとして 不適切なものはどれか。

解答 選択欄	イ　Rおねじとｇめねじ	ロ　RおねじとRpめねじ
	ハ　RおねじとRcめねじ	ニ　RおねじとPTめねじ

【解説】 Rねじはテーパおねじを、Rcはテーパめねじを表します。また、Rpねじは Rねじと組合わせて使用するテーパおねじ用の平行めねじを示します。

　Gねじは平行おねじ、平行めねじを示します。Gねじ同士で使用します。

イ　テーパおねじRと平行めねじGの組合わせは不可です。
ロ　テーパおねじRとテーパめねじRpの組合わせは可です。
ハ　テーパおねじRとテーパおねじ用平行めねじRcの組合わせは可です。
ニ　テーパおねじRとテーパめねじPTの組合わせは可です。

＊PTねじは旧JIS表記でありRcと同等です。

　よって解答はイになります。

メモメモ　管用ねじの種類

　問題の解答欄に挙がっている部品は、すべて管用ねじ継手になります。管用ねじとは配管用に定められたねじ規格に従ったおねじ・めねじで組付ける継手になります。

　管用ねじの規格を一覧表に示します。

ねじの種類		ISO	旧JIS	組合せ
管用テーパねじ	テーパおねじ	R	PT	RcもしくはRp
（密封結合用）	テーパめねじ	Rc	PT	R
	テーパおねじ用平行めねじ	Rp	PS	R
管用平行ねじ	平行おねじ	G	PF	Gめねじ
（機械的結合用）	平行めねじ	G	PF	Gおねじ

表記例）基本的に呼び径はB表記で指示します。
　R1/8　⇒1/8（B）用の管用テーパおねじを切る。
　Rc1/8 ⇒1/8（B）用の管用テーパめねじを切る。
　Rp1/8 ⇒1/8（B）用の管用テーパおねじ用平行めねじを切る。

　G1/8A⇒1/8（B）の管用平行おねじを精度A級で切る。
　G1/8B⇒1/8（B）の管用平行おねじを精度B級で切る。
　G1/8　⇒1/8（B）の管用平行めねじを切る。

　管用平行おねじはその精度A級・B級を指定します（呼び径A・Bとは別の意味なので注意！）。A級の方が精度が高くなっています。詳細は「JIS B 0202　管用平行ねじ」に記載されています。

　ちなみに管用ねじは「かんようねじ」ではありません。「くだようねじ」と読みます。

実務における課題と問題 **4-1-4**

| 課題 | ガス配管1/2 B、「ここの配管はメンテのことを考えて設計せなあかんで！」と配管を簡単に取り外してメンテナンスができるように設計するよう指示を受けた。 |

メンテしやすく！

継手は？？？

| 問題 | 継手は何を選べばよいか？ |

| 解答選択欄 | イ　管用ねじ | ロ　食い込み継手 |
| | ハ　溶接継手 | ニ　フランジ継手 |

【解説】

イ：管用ねじ（くだようねじ）

　　配管の端面に管用のおねじとめねじを設けてねじ込んで配管を固定するものです。例えば両側が管用おねじのニップルで結合した場合、ニップルを回して付け外しをします。配管を外そうとするとニップルを回しつつねじの食い込み分、配管をずらす必要があります。このためメンテなどで定期的に取り外す継手としては不向きです。

ロ：食い込み継手

　　配管にスリーブと呼ばれる円錐状の部品を専用のナットで締めつけて配管に食い込ませることでシールする継手です。繰り返し付け外しを繰り返すとスリーブが変形するなどしてシール性が落ちることがあります。このときスリーブが配管に食い込んでいるため、配管全体を更新することになります。よってメンテなどで定期的に取り外す継手としては、フランジ継手と比べると不向きと言えます。

ハ：溶接継手

　　その名の通り、配管と配管を溶接するため、基本的に取り外しは不可能です。

ニ：フランジ継手

　　配管の端面にフランジと呼ばれる円板状の部品を付けて、フランジ同士をパッキンを介してボルトで締結することで配管を固定します。フランジボルトを外せば継手間の配管を簡単に取り外すことができます。

　よって解答は二になります。

メモメモ　食い込み継手について補足します

　食い込み継手には**図4-1-1**に示すように、両側が食い込み継手（ユニオン）で配管同士を接続するものや、片側がねじ継手になっており（ハーフユニオン）機器との接続に使用するものがあります。また、エルボやチーズ形状のものもあります。

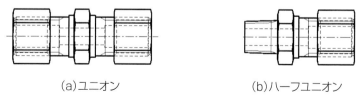

(a)ユニオン　　　　　　　　　(b)ハーフユニオン

図4-1-1 食い込み継手の形状

　図4-1-2に食い込み継手を使用した配管の断面を示します。食い込み継手の構造は本体（ボディ）に配管を差し込み、ナットを締め付けることでスリーブが押しつぶされて配管に食い込みます。取り外すときはナットを外してボディから配管を抜き取ります。このとき**図4-1-3**のようにスリーブは配管に食いついたままでナットは配管側に引っかかった状態になります。

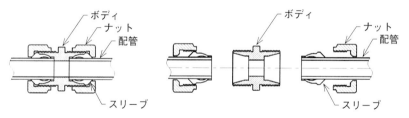

図4-1-2 食い込み継手断面　　　図4-1-3 食い込み継手分解

　食い込み継手の締め方には要領があります。基本的にはナットを手締めで締めていき、トルクがかかり始めてからの回転量（3/4回転や、1と1/4回転）などで管理します。配管材料やサイズ、食い込み継手メーカーによって多少の違いがあるため、カタログなどで確認が必要です。

　一度取り外して再利用するときは、1回目施工時の回転量からさらに締め込む必要がありますが、繰り返し使用するとスリーブが完全につぶれて締め代がなくなってしまい、シール性が落ちるため、頻繁に着脱を行う部分には不向きです。

Column　シールテープの巻き方

　管用ねじを使用する場合、かみ合い部のシール性を高めるためにシールテープを巻き付けることがあります。このシールテープの巻き方向は決まっています。

　写真の矢印の方向から見たときに時計回り方向に巻き付けます。これを逆方向に巻き付けてしまうと、継手をねじ込んだときにシールテープをはがす方向にねじ込むことになってしまいます。

　巻き付ける方向は図のように「ねじ端部を見て時計回り」とすると覚えやすいと思います。

　ちなみに写真の継手はニップルです。

(a) 左手に持つ場合　　　　　　　　(b) 右手に持つ場合

図4-1-4 シールテープの巻き付け

シールテープの巻き方
　シールテープの巻き方として好ましいのはどちらでしょうか?

　　　　(a) ねじ部全体にわたり　　　　　(b) ねじ先端を1山ほど
　　　　　　しっかりと巻く　　　　　　　　　開けて巻く

　答えは (b) です。先端にすき間があると漏れると思いこんでしっかりと巻き付けてしまうと、ねじを締め付けたときにシールテープがちぎれて、配管内部のゴミになってしまうことがあります。

　下の写真はねじ部全体にわたりしっかりと巻いたものと、ねじ先端を1山ほど開けて巻いたものを、それぞれ一度締め付けてから外したものです。

　先端まで巻いたものはテープがちぎれてかけています。この状態で使用していると、そのうちテープがちぎれて配管内部の異物になってしまいます。

　　　　(a) ねじ部全体に　　　　　　　(b) ねじ先端を1山ほど
　　　　　　わたり巻く　　　　　　　　　　開けて巻く

＊シールテープは1度外すと再利用できません。再度締め付けるときにはいったんテープをきれいにはがして、新しく巻き直しましょう。

実務における課題と問題 4-1-5

| 課題 | 「ここの溶接は高圧配管やから単なる突き合わせではあかんで！」と指摘を受けた。
強度を確保するために開先溶接指示を行う必要がある。 |

問題　配管の継手部分に開先指示をする溶接記号として適切なものはどれか？

解答
選択欄

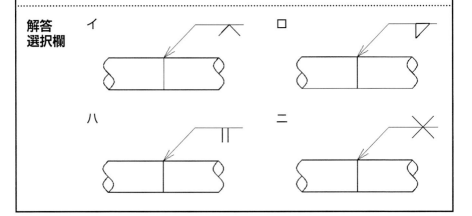

イ　ロ　ハ　ニ

【解説】

イ　V形開先溶接
　　溶接する2つの材料にV形の開先をとって溶接します。

ロ　すみ肉溶接
　　2つの材料を重ねたときにできる段差の隅部を溶接します。同径の配管では隅部がないためこの溶接指示は不可です。

ハ　突き合わせ溶接
　　2つの材料を突き合せた状態で継ぎ目を溶接します。

ニ　X形開先溶接
　　2つの材料にX形の開先を取って溶接をします。配管内側が溶接できないため基本的に配管では使用不可です。

よって解答はイになります。

＊開先深さを指示することでのど厚、そしてのど厚から強度を計算することができます。

メモメモ　各溶接について補足します

　溶接条件によっては完全に溶け込まずに継手部の強度が弱くなってしまうことがあります。この対策として継手部に開先加工を行うことがあります。

　各指示で溶接を行った際の実形を示します。

溶接実形を拡大する

表4-1-3

解答選択欄	
イ)V形開先溶接	ロ)すみ肉溶接
溶接する材料を突き合せたときにV形状になるようにそれぞれの端面を加工してから溶接する。開先溶接の一種。	径の異なる配管を差し込んでその隅部分を溶接する。
ハ)突き合わせ溶接	ニ)X形開先溶接
単純に材料同士を突き合わせて溶接する。板厚など条件によっては裏面まで溶け込まないため強度が弱い。	溶接する材料を突き合せたときにV形状になるようにそれぞれの端面を加工してから溶接する。開先溶接の一種だが配管の場合内側を溶接することができないため適応できない。

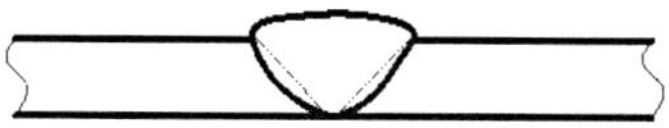

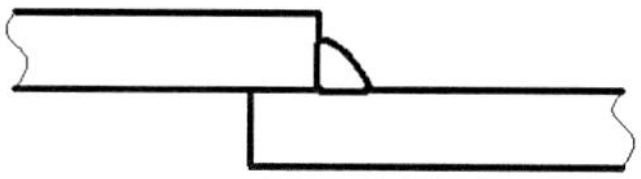

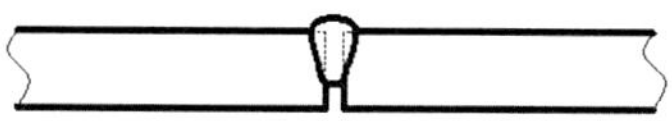

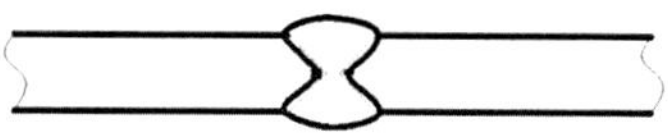

　開先溶接指示としてはイ・ニの2つですが、**表4-1-3**でも記したようにX形開先を指示しても配管の内側を溶接することはできません（**図4-1-5**）。

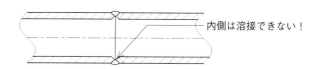

内側は溶接できない！

図4-1-5

実務における課題と問題 **4-1-6**

課題	「この動くところの配線はケーブルベアに入れなあかんで！」と指摘を受けた。

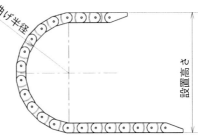

問題	配線保護のためにケーブルベアを配置するに当たり検討した内容として、最も適切なものはどれか。

解答選択欄

イ　省スペースのため内部容積の90％ほどまで配線が埋まるサイズを選定した。

ロ　曲げ半径を可能な限り大きくするために設置高さを大きくした。

ハ　ケーブルの端部に移動側と固定側を指定した。

ニ　発塵を抑えるためにケーブルベアを使わないことにした。

【解説】

イ　ケーブルベアが動いたときに内部に適切な空間がないと、配置された配管や配線により大きな負荷がかかってしまいます。適切な容量はメーカーカタログに記載がありますが、おおよそ60％程度を一つの基準とすることが多く、90％は詰め込みすぎです。

ロ　曲げ半径はあまり小さくすると、やはり動いたときの負荷が大きくなります。適切な最小曲げ半径はカタログに記載があります。一方で接地高さを大きく取ると曲げ半径が大きくなりますが、大きすぎるとケーブルベアが浮いてしまいます。適切な接地高さもカタログに記載があり、その両方を考慮する必要があります。

＊曲げ半径は配線や配管そのものにも最小値の基準や推奨がある場合があります。その場合は、そちらも考慮してケーブルベアを選定する必要があります。

ハ　ケーブルベアの両端は移動側か固定側かを指定する必要があります。よって記述は正しいです。

ニ　ケーブルベアは動くため多少なりの摩耗・発塵がありますが、低摩擦・低発塵タイプもあります。

よって解答はハとなります。

Column　ケーブルベアのおじぎ

　図4-1-6のように、往復運動をするテーブルの架台に取付板を設けて、ケーブルベアの固定端を取付板に、移動端をテーブルに取り付けました。

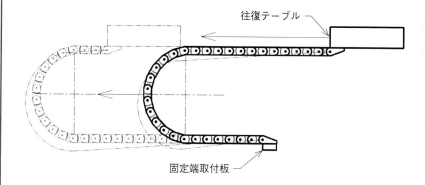

往復テーブル

固定端取付板

図4-1-6

　このとき、自重や内容物の重みで二点鎖線で示すようにケーブルベアがおじぎをしてしまいました。そこで急遽ケーブルベアを支持するためのサポート軸を取り付けました（**図4-1-7**）。

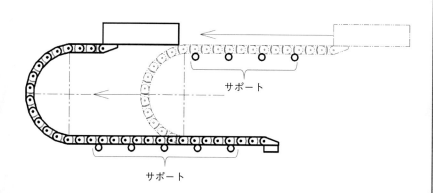

サポート

サポート

図4-1-7

　ケーブルベア自体は軽くとも、束ねた配線は意外と重くなることがあるため、配慮が必要になることがあるので注意が必要です。

実務における課題と問題 4-2-1

> | 課題 | 「架台のフレームはチャンネルで設計しといてな!」と機械を載せる架台の設計を指示された。架台によく使用される形鋼(かたこう)のうちチャンネルは何を指しているのか、よくわからない。 |
>
> **問題**　チャンネルとは次の形鋼のうちどれを指すものか。
>
> ....
>
> **解答**　　イ　等辺山形鋼　　　　　　ロ　溝形鋼
> **選択欄**　ハ　リップ溝形鋼　　　　　ニ　H形鋼

【解説】

イ　等辺山形鋼
　　L形の断面を持つ形鋼でアングルとも呼ばれます。
　　さらには俗にアンコと呼ばれることもあります。

ロ　溝形鋼
　　コの字形の断面を持つ形鋼でチャンネルとも呼ばれます。
　　さらには俗にチャンコと呼ばれることもあります。

ハ　リップ溝形鋼
　　形鋼の中でも一般構造用軽量形鋼に分類されるもので、C形の断面を持つ形鋼です。

ニ　H形鋼
　　H形の断面を持つ形鋼です。

よって解答はロになります。

形鋼ってJISで細かく定められているんですね!

せやで!
JISには詳細寸法だけでなく断面係数や断面二次モーメントも記載されてるんや!

メモメモ　形鋼について補足します（1/3）

　主な形鋼として熱間圧延形鋼（JIS B 3192）と一般構造用軽量形鋼（JID B 3350）があります

　その寸法や単位重量あるいや強度計算に使用する断面係数、断面二次モーメントなどの断面性能についてまで、JISに記載されています。

　ここで一つ注意点があります。溝形鋼とⅠ形鋼のフランジは**図4-2-1**に示すように内側に傾斜を持っているため、例えば内側に補強板を入れるような場合には、テーパを考慮する必要があります。

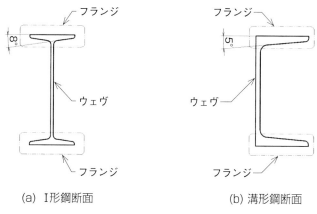

(a) Ⅰ形鋼断面　　　　　(b) 溝形鋼断面

図4-2-1 傾斜を持つ形鋼断面

熱間圧延形鋼の断面形状の略図を下表に示します。

等辺山形鋼	不等辺山形鋼	不等辺不等厚山形鋼
L形断面の2辺の長さが同じ、厚みが同じもの。アングルとも呼ぶ。	L形断面の2辺の長さが異なり、厚みが同じもの。	L形断面の2辺の長さが異なり、厚みが同じもの。
I形鋼	溝形鋼	球平形鋼
I形の断面。フランジの内側に8°の傾斜が付いている。	コの字形断面。フランジの内側に5°の傾斜が付いている。チャンネルとも呼ぶ。	先端に爪のような球状突起を持つもの。漢字は"きゅうひら"と読み、バルブプレートとも呼ぶ。
T形鋼	H形鋼	CT形鋼
T形断面を持つ形鋼。	H形断面。I形と異なりフランジ部にテーパはない。	H形鋼のウェブを切断して分割した形鋼。

一般構造用軽量形鋼の断面形状の略図を下表に示します。

軽溝形鋼	軽Z形鋼	軽山形鋼
コの字形断面。チャンネルとの違いはフランジにテーパがない。	Z形断面を持つ軽量形鋼。	L形断面を持つ軽量形鋼。
リップ溝形鋼	リップZ形鋼	ハット形鋼
C形断面。Cチャン（しーちゃん）と呼ぶことがある。	Z形にリップが付いた断面形状を持つ形鋼。	いわゆるハット形の断面形状を持つ形鋼。

Column テーパ座金を使おう！

　図4-2-2に示すように、溝形鋼の側面に部品をボルト・ナットで固定することを検討します。

　このときチャンネルのフランジ内側には5°の傾斜が付いています。この傾斜があるため、ボルト・ナットをそのまま使うことができません。

　そこで使用されるのがテーパワッシャです。

　テーパワッシャには5°と8°があります。チャンネルだけではなくI形鋼も傾斜を持っておりその傾斜は8°のため、チャンネルとI形鋼で使い分けます。

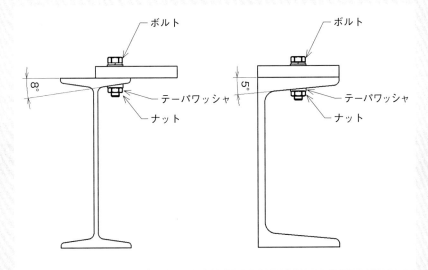

図4-2-2 フランジの傾斜とテーパワッシャ

MEMO

実務における課題と問題 4-2-2

課題　「この筐体は内部を窒素パージするからな」
と筐体とフランジの間にシール材を挟む、密封構造の設計を指示された。

問題　コストや入手性を考慮したシール材として適切なものはどれか。

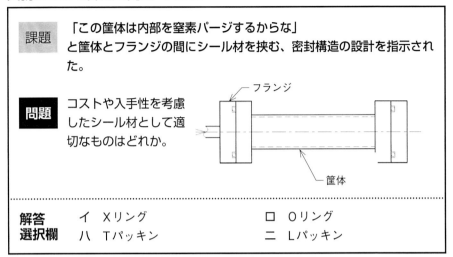

フランジ

筐体

解答選択欄　　イ　Ｘリング　　　　　　　ロ　Ｏリング
　　　　　　　ハ　Ｔパッキン　　　　　　ニ　Ｌパッキン

【解説】 解答選択欄にある材料はどれを使ってもシールができます。どれを使っても機能を満たすのであれば次に検討すべきはコスト、流通性（入手しやすさ）、設計の容易性などです。

イ　Ｘリング
　Ｘ形の断面を持つシール材です。ねじれに強いため往復運動をする軸のシールなどによく使用されます。
ロ　Ｏリング
　Ｏ形の断面を持つシール材です。最もよく使用されるシール材で入手も容易です。
ハ　Ｔパッキン
　Ｔ形の断面を持つシール材です。摩擦抵抗が小さく往復運動や回転運動、揺動用途と幅広く使用されますが、パッキンそのものが高コストになったりバックアップリングが必要になったりなどのデメリットがあります。
ニ　Ｌパッキン
　Ｌ形の断面を持つシール材です。断面形状が非対称のため耐圧性に劣ります。ＵパッキンやＹパッキンの普及に伴いあまり使用されなくなりました。

　選択肢の中では入手性やコスト性はＯリングが優れています。
よって解答はロになります。

Column　二重パッキンの是非

　機械設計を進めていくと、安全対策として二重化を検討することがあります。万が一トラブルが発生したときに、一方の要素が停止してももう一方の要素が機能するという対策です。

　あるときこれを密封構造に適応して、**図4-2-3**に示すようにOリングの二重化を施そうとしたことがあります。

　ところがこれは先輩からNGが出ました。いわく、「OリングとOリングとの間にかかった圧がぬけへんやん。」

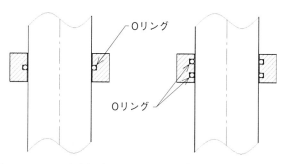

図4-2-3 Oリング溝の二重化是非

　加圧⇒大気圧を繰り返すような用途の場合、加圧時には**図4-2-4**（a）に示すようにOリングに内側から外側へ向かう力がかかります。加圧をしていないときには力はかかりません。

　二重パッキンの間に圧力がかかりそれが抜けない場合、内側の圧力を抜いたときに、二重パッキンの内側のOリングには外側から内側へと向かう力がかかってしまいます。もし二重パッキンにするのであれば、このように二重にしたパッキンの間にかかる圧力への配慮が必要になります。

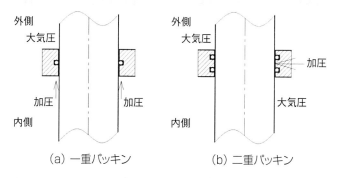

（a）一重パッキン　　　　　（b）二重パッキン

図4-2-4 Oリングへの力のかかり方

実務における課題と問題 4-2-3

<table>
<tr><td>課題</td><td>「こんなところにOリング使ったら蓋開けたときに落ちてしまうやん？」
蓋の密封構造について指摘を受けた。</td></tr>
<tr><td>問題</td><td>パッキンの脱落防止策として適切なものは次のうちどれか。</td></tr>
</table>

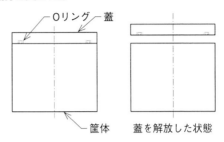

Oリング　　蓋

筐体　　蓋を解放した状態

解答選択欄

イ　Oリングを接着剤で固定した。

ロ　溝をアリ溝加工に変更した。

ハ　Oリングのはまる溝幅を狭くした。

ニ　運動用のPシリーズから固定用のGシリーズに変更した。

【解説】

イ　Oリングは必ず経年劣化が起きます。つまり定期的な交換が必要になります。このため接着して使用することは基本的にありません。

ロ　Oリングの脱落防止用途としてアリ溝加工を施すことがあります。よってこの対策は正しいです。

ハ　基本的にOリング溝はJISの規格やメーカーカタログなどにある推奨のサイズに基づいて設計を行います。

ニ　Oリングには固定・運動用のPシリーズ（Packing）、固定用のGシリーズ（Gasket）、真空用のVシリーズ（Vacuum）、あるいはインチサイズのASシリーズなどがあります。それぞれ使用用途で使い分けるもので、脱落防止目的で使い分けるものではありません。

よって解答はロになります。

メモメモ　アリ溝加工について補足します

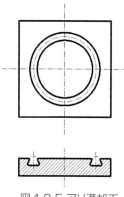

図4-2-5 アリ溝加工

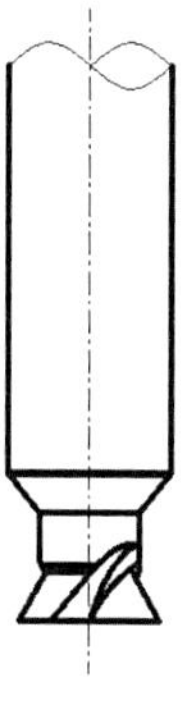

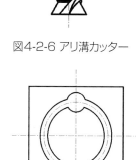

図4-2-6 アリ溝カッター

　アリ溝は**図4-2-5**に示すように断面形状が台形のような形をした溝を言います。溝の底部が幅広く、入口が狭くなっており、この溝にOリングを押し込みます。

　アリ溝は**図4-2-6**に示すようなアリ溝の形状をした専用のアリ溝カッターを使用して加工します。実際に加工するときには刃の入り口が必要です。つまり図4-2-5のように加工はできません。**図4-2-7**のように刃が入る大きさの逃がしが必要です。

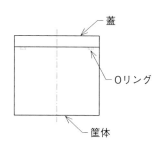

図4-2-7 アリ溝逃がし

　なお課題にあるような形状の場合、形状が許せば**図4-2-8**のように筐体側にOリングを配置することでも脱落防止となります。

```
蓋
Oリング
筐体
```

図4-2-8 Oリング配置変更

パッキンとボルト穴

　直径5mに及ぶような大口径の配管をシールするためにはヤーンパッキンと呼ばれるガラス繊維でできたひも状のシール材を用いることがあります。フランジに接着剤などで固定して使用します。

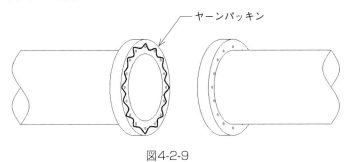

図4-2-9

　いま直径5mの配管内部に0.1MPa程度の圧力がかかります。このときフランジ部をヤーンパッキンでシールします。

　パッキンの巻き方として正しいのは次の(a)、(b)どちらでしょうか。

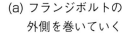

(a) フランジボルトの　　　　　　(b) フランジボルトの
　　外側を巻いていく　　　　　　　　内側を巻いていく

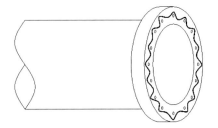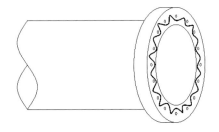

　内側から圧力がかかるということは、配管の内部から流体が外に逃げようとする力がかかるということです。このときパッキンをボルトの外側に巻いてしまうと、フランジボルトの穴から内部のガスが漏れてしまいます。

　よってこの場合は、ボルトの内側にパッキンを巻く(b)が正解です。

MEMO

実務における課題と問題 **4-2-4**

| 課題 | 「お客さんから塗装色はうちの標準でいいけどマンセル値で教えて欲しいって連絡あったで！」と日塗工番号で記載していた仕様書にマンセル値を追記するように指示を受けた。 |

| 問題 | 標準色は日塗工番号でK45-70Lである。最も近い色のマンセル値は次のうちどれか。 |

解答 選択欄	イ　5Y 7/1	ロ　7.5R 2/8
	ハ　5G 7/6	ニ　7.5B 7/4

【解説】代表的な色の指示には日本塗料工業会が2年に一度の頻度で更新している日塗工番号と、JIS Z 8721で規格化されているマンセル・カラー・システムがあります。

　日塗工番号の「K45-70L」のうち一番左の文字（この場合K）は年度を、次に続く二桁の数字は色相を表しており、45は緑、マンセル色相では5Gが最も近いものになります。

よって解答はハになります。

色も細かく決まりがあるんですね！

そや！機械は見た目も大事。色は重要な要素やで!!

メモメモ　日塗工とマンセル値について補足します

　日塗工、マンセルともに色を「色相（いろあい）」「明度（明るさ）」「彩度（鮮やかさ）」で表します。

色相

	赤	黄赤	黄	黄緑	緑	青緑	青	青紫	紫	赤紫
日塗工	0＊	1＊	2＊	3＊	4＊	5＊	6＊	7＊	8＊	9＊
マンセル	＊R	＊YR	＊Y	＊GY	＊G	＊BG	＊B	＊PB	＊P	＊RP

明度　　　黒に近い →　　　　　　　　　　　　　　　　白に近い

日塗工	0	5	10	15	・	・	・	90	95	100
マンセル	0	0.5	1	1.5	・	・	・	9	9.5	10

彩度　　　白黒に近い ←　　　　　　　　　　　　　　　原色に近い

日塗工		A	B	C	・	・	・	V	W	X
マンセル	0	0.5	1	1.5	・	・	・	12	13	14

色相の＊印にはその色の度合いを指示する1〜10の数字が入ります。

◆日塗工番号
　無彩色（白、灰、黒）や艶消しの番号もありますが、ここでは有彩色に絞って説明します。

例）

K45-70L
① ②　　③ ④

①年度を表す
②色相を表す
③明度を表す
④彩度を表す

＊①Kは2019年度を表し2年に一度の更新です。その前は2017年J、次は2021年度でLになります。

◆マンセル値
　マンセル値とはマンセル・カラー・システムでの色を数値化したものです。このシステムはアメリカの画家、アルバート・マンセル氏の考えをもとに1943年に創り出されたものです。
　現在の日本においてはJIS Z 8721に規格化されています。

例）

5G7/6
① ② ③

①色相を表す
②明度を表す
③彩度を表す

実務における課題と問題 4-2-5

| 課題 | 「ここはメンテで開けることあるからな！」と必要なときには筐体を覆うカバーの一部を開けられる構造にするように指示を受けた。 |

| 問題 | 普段は開ける必要がないため、できるだけ部品点数は少なく、一方で必要なときにはなるべく簡単に開けられるような構造を検討する。このとき最も不適切なものは次のうちどれか。 |

解答
選択欄
　イ　蝶ボルトを使って固定した。
　ロ　カバー側の穴形状をだるま穴にして十字穴付なべ小ねじで固定した。
　ハ　蝶番を使った扉に変更した。
　ニ　ローレットねじを使って固定した。

【解説】
イ　蝶ボルトとはボルト頭が蝶の羽のような形をしたボルトです。この部分を持って手で締め付けたり緩めたりするボルトです。工具を使用しないため作業性が良く、ねじ締めによる締結力を必要としない一方で、定期的に開け閉めをするようなカバーに使われることがあります。

ロ　文字通りだるま形の形状をした穴です。固定で使用したねじ類を完全には外すことなく、緩めるだけでカバーを開けることができます。
　　ボルト類を完全に外さないとカバーが開けられない場合、ボルト類を落としたり紛失したりするリスクがあるため、定期的に開け閉めをするようなカバーに使われることがあります。

ハ　蝶番を使って扉構造にすると開け閉めは容易ですが、締結要素以外の部品が増えてしまいます。

ニ　ローレットボルトとは、ねじ頭の外形が大きく、側面にすべり止め目的でギザギザ（ローレット）が付いたボルトです。蝶ボルトと同じように手で締めたり緩めたりする場所に使われることがあります。

　よって解答はハになります。

メモメモ　蝶ボルト、だるま穴、ローレットの形状について補足します

　蝶ボルトは**図4-2-10**に示すような形状をしています。詳しい形状寸法はJIS（JIS B 1184）に記載されています。
　ローレットボルトは**図4-2-11**に示すような形状をしています。ねじ頭の側面にローレットが施されています。ローレットそのものの詳細はJIS（JIS B 0951）に記載がありますが、ローレットボルトのボルト頭の大きさは各メーカーから様々なサイズのものが販売されています。

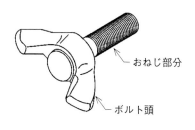

おねじ部分

ボルト頭

図4-2-10 蝶ボルト

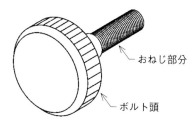

おねじ部分

ボルト頭

図4-2-11 ローレットボルト

　だるま穴は**図4-2-12**の(a)に示すように、小径丸穴と大径丸穴をつないだ、だるまのような形状の穴です。(b)に2点鎖線で示すようにねじで固定します。取り外すときはねじを緩めて、(c)に示すように位置をずらすことで、ねじ頭が抜けて取り外すことができます。

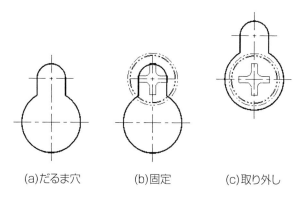

(a)だるま穴　　　(b)固定　　　(c)取り外し

図4-2-12 だるま穴

ステップ1　配管・配線について学ぼう！

◆配管にはA表記、B表記、俗称として○○分がありますが、どれも同じサイズ（外形）を指しています。

◆配管の継手にはねじ、溶接、食い込み、フランジなどがあります。ねじ継手は管用の専用サイズになります。

◆配線は意外とスペースを取ります。機械設計時に配線スペースをしっかりと考慮しましょう。

ステップ2　構造（筐体）について学ぼう！

◆架台の骨組みによく使用される形鋼は、寸法だけでなく断面係数などもJISで詳細に記載されています。

◆密封用のOリングは運動用のPシリーズ、固定用のGシリーズ、真空用のVシリーズがあり、それぞれ用途によって使い分けます。

◆筐体内部を加圧するのか減圧するのかで溝設計などが変わります。

◆大きな筐体の場合、塗装に使用する塗料の量も多くなるため、塗装色だけでなく膜厚や下処理など仕様をしっかりと決めておくことが大切です。

[付録1] 関連JIS(Japan Industrial Standards)] 一覧表（1）

第1章　固定編	第2章　回転軸編
JIS B 1176 六角穴付ボルト	JIS B 1521 転がり軸受　深溝玉軸受
JIS B 1180 六角ボルト	JIS B 1522 転がり軸受　アンギュラ玉軸受
JIS B 1351 割りピン	JIS B 1523 転がり軸受　自動調心玉軸受
JIS B 1352 テーパピン	JIS B 1532 転がり軸受　平面座スラスト玉
JIS B 1353 先割りテーパピン	軸受
JIS B 1354 平行ピン	JIS B 1533 転がり軸受　円筒ころ軸受
JIS B 1213 冷間成形リベット	JIS B 1534 転がり軸受　円すいころ受
JIS B 1214 熱間成形リベット	JIS B 1535 転がり軸受　自動調心ころ軸受
JIS B 2808 スプリングピン	JIS B 1177 六角穴付き止めねじ
JIS B 2804 止め輪	JIS B 1451 フランジ形固定軸継手
JIS Z 3001 溶接用語	JIS B 1452 フランジ形たわみ軸継手
JIS B 0401 寸法の公差およびはめあ	JIS B 1301 キー及びキー溝
いの方式 - 第一部 -	JIS B 0102 歯車用語
JIS B 0101 ねじ用語	JIS B 1701 円筒歯車　インボリュート歯車
JIS B 0201 ミニチュアねじ	歯形
JIS B 0202 管用平行ねじ	JIS B 1707 かさ歯車の歯面に関する
JIS B 0203 管用テーパねじ	形状偏差の定義及び許容値
JIS B 0204 電線管ねじ	
JIS B 0205 メートル並目ねじ	
JIS B 0206 ユニファイ並目ねじ	
JIS B 0207 メートル細目ねじ	
JIS B 0208 ユニファイ細目ねじ	

*JIS規格(Japanese Industral Standards：日本産業規格)

[付録1] 関連 JIS(Japan Industrial Standards)] 一覧表（2）

第3章　直動ガイド編	第4章　周辺構造編
JIS B 0004 ばね製図 JIS B 0103 ばね用語 JIS B 0204 コイルばね JIS B 0142 油圧・空気圧システム 　　　　　及び機器－用語 JIS B 0125 油圧・空気圧システム 　　　　　及び機器－第1部：図記号 JIS B 8366 油圧・空気圧システム 　　　　　及び機器－シリンダー構成 　　　　　要素および識別記号 JIS B 8373 空気圧用電磁弁 JIS B 8374 空気圧用3ポート電磁弁 JIS B 8375 空気圧用5ポート電磁弁	JIS B 2220 鋼製管フランジ JIS B 3452 配管用炭素鋼鋼管 JIS B 3454 圧力配管用炭素鋼鋼管 JIS B 0151 鉄鋼製管継手用語 JIS B 0202 管用平行ねじ JIS B 0203 管用テーパねじ JIS G 3192 熱間圧延形鋼の形状、寸法、 　　　　　質量及びびその許容差 JIS G 3350 一般構造用軽量形鋼 JIS B 0116 パッキン及びガスケット用語 JIS B 2401 Oリング（1部〜4部） JIS B 1184 ちょうボルト

*JIS規格(Japanese Industral Standards：日本産業規格)

●監修者紹介

山田　学（やまだ　まなぶ）

1963年生まれ。兵庫県出身。技術士（機械部門）

(株)ラブノーツ　代表取締役。 機械設計などに関する基礎技術力向上支援のため書籍執筆や企業内研修、セミナー講師などを行っている。

著書に、『図面って、どない描くねん！』『めっちゃメカメカ！基本要素形状の設計』（日刊工業新聞社刊）などがある。

●著者紹介

春山　周夏（はるやま　しゅうか）

S54年生まれ、京都府出身。日鉄ドラムテクノ（株）所属
・2004年4月〜日新電機（株）生産技術にて設備設計開発と立上に従事
・2011年11月〜JFE物流（株）機工重機部にて機械器具設置業における営業所の専任技術者として大物機械更新工事の技術検討に従事
・2016年2月〜TDK（株）テクニカルセンターにて自動組立ラインの開発と立上に従事
・2018年年3月　中小企業の生産技術を支援するため独立開業
・2019年12月　製造業技術コンサル協会を立上げ
・2021年3月　日鉄ドラムテクノ（株）設計部署にてドラム充填設備の機械設計に従事

セミナー実績として『自動機設計の勘所　メカ編／制御編』、『機械設計者の基礎知識4力学に触れよう。〜材料力学・機械力学・熱力学・流体力学〜』などがある。

また、月刊誌「機械設計」2020年4月号から12月まで『失敗しない！自動化設備の開発虎の巻（全9回）』を連載担当。

執筆実績として「設計の業務課題って、どない解決すんねん！」がある。

メカ機構の課題って、どない解決すんねん！

〈締結・回転・リンク機構設計〉上司と部下のFAQ：設計実務編

NDC 531.3

2021年9月30日　初版1刷発行	監修者	山田 学
2024年9月20日　初版3刷発行	©著　者	春山 周夏
	発行者	井水 治博
	発行所	日刊工業新聞社

東京都中央区日本橋小網町14番1号
（郵便番号103-8548）

書籍編集部　　電話03-5644-7490
販売・管理部　電話03-5644-7403
　　　　　　　FAX03-5644-7400
URL　https://pub.nikkan.co.jp/
e-mail　info_shuppan@nikkan.tech
振替口座 00190-2-186076
本文デザイン・DTP——志岐デザイン事務所(矢野貴文)
本文イラスト——小島サエキチ
印刷——新日本印刷（POD2）

定価はカバーに表示してあります
落丁・乱丁本はお取り替えいたします。
2021 Printed in Japan
ISBN 978-4-526-08156-9　C3053

本書の無断複写は、著作権法上の例外を除き、禁じられています。